RAISONS COMPARAISONS ÉDUCATIONS

N°2

Fidèle à sa volonté de maintenir vivant l'ensemble du catalogue et de continuer à rendre accessible à tous la richesse de son contenu, Les marques du groupe L'Harmattan proposent les ouvrages, même s'ils sont épuisés dans leur premier tirage, et les impriment à la demande.
Au vu de l'ancienneté de ce titre, un exemplaire original a été numérisé pour être réimprimé, ce qui pourrait altérer légèrement la qualité de certains passages.

5-7, rue de l'École-Polytechnique ; 75005 Paris

http://www.librairieharmattan.com
diffusion.harmattan@wanadoo.fr
harmattan1@wanadoo.fr

ISBN : 978-2-296-04603-0
EAN : 9782296046030

N° 2 - NOVEMBRE 2007

RAISONS COMPARAISONS ÉDUCATIONS

La Revue française d'éducation comparée

Les mathématiques : connaissance en partage

L'HARMATTAN

Raisons, Comparaisons, Éducations

La Revue française d'éducation comparée

La Revue française d'éducation comparée *Raisons, comparaisons, éducations*, paraît deux fois par an. Elle illustre la recherche en éducation comparée dans ce qu'elle a de plus innovant, en France et dans le monde. Soucieuse de nouvelles approches et de nouveaux objets dans le champ de l'éducation et des sciences sociales, elle propose un dialogue avec d'autres sciences, « humaines » (histoire, géographie, linguistique, littérature, anthropologie, politique…) ou non (mathématiques, biologie, droit…), et présente des travaux sur les aires culturelles du monde entier.

La Revue propose 230 pages de textes répartis de la façon suivante :

1. Un dossier thématique d'une centaine de pages qui comprend des articles théoriques de spécialistes français et étrangers et des articles en relation avec les pratiques, en particulier des comptes rendus d'expériences (françaises, étrangères).
2. Des articles théoriques hors thème.
3. Des rubriques : Pédagogues, Histoire, Entretien.
4. Des recensions d'ouvrages (longues et courtes) sans oublier les usuels (dictionnaires, manuels, traités…) et des comptes rendus de thèses.
5. L'actualité éducative : comptes rendus d'événements, annonces de colloques,…

La Revue peut prendre la forme d'un *numéro thématique* ou d'une *série* : singularités régionales, institutions…

Raisons, comparaisons, éducations
La Revue française d'éducation comparée

Déjà paru

Langue, littérature, culture à l'épreuve de l'autre, n°1, L'Harmattan, mars 2007.

SOMMAIRE

Introduction

Sylvie Rœlly
Institut für Mathematik der Universität Potsdam
(Institut de Mathématiques de l'Université de Potsdam, Allemagne)

Avant toutes choses, je tiens à remercier chaleureusement Dominique Groux, rédactrice en chef, pour la confiance qu'elle m'a témoignée en me laissant coordonner le présent dossier sur l'éducation comparée en mathématiques. D'emblée, il me faut avouer que, bien que le sujet me passionne, je ne suis en rien formée à cette science, n'étant qu'une simple mathématicienne. Cependant, maintes fois au cours de ma vie professionnelle - internationale - et de ma vie personnelle - éducation pluriculturelle de mes enfants - cette thématique s'est imposée comme une nécessaire réflexion.

Ainsi, le dossier de ce volume n'a aucune prétention ni d'exhaustivité ni de complétude. Ce n'est qu'une modeste promenade sur la planète mathématique, avec quelques stations au fil des âges et des continents.

Mais pourquoi comparer les mathématiques d'ici et d'ailleurs, d'hier et de maintenant? Existerait-il plusieurs mathématiques? Ne parle-t-on pas parfois de *la* mathématique, science pure, universelle et immuable par excellence? La réalité est bien autre et la comparaison s'impose alors. Tout d'abord, en tant que science, cruciale pour le développement de nombreuses techniques, elle est assujettie au bon vouloir des pouvoirs politiques locaux, et perd en cela sa pureté, c'est-à-dire son indépendance, quant au développement de son contenu mais aussi quant à la forme sous laquelle le savoir est véhiculé (cf. la contribution d'Olivier Salon). En tant qu'art, la mathématique, dans sa constante évolution, se laisse modeler par celui ou celle qui la sculpte, et revêt ainsi des aspects variés reflétant fortement le contexte culturel de l'auteur/artiste. Ainsi, tous ces particularismes spatiaux et temporels vont forger les différences notables que l'on constate au niveau de la transmission du savoir mathématique dans les différents systèmes éducatifs (cf. les contributions de Pierre-Yves Louis et de Richard Cabassut).

Présentons plus précisément le contenu du dossier, les thèmes étant ordonnés chronologiquement par simplicité.

Ahmed Djebbar retrace pour nous le développement des mathématiques arabes du IXe au XVe siècle. Il décrit les nouvelles contributions qu'elles ont apportées dans des disciplines anciennes comme l'arithmétique et la géométrie - déjà présentes chez les Indiens et les Grecs -, ainsi que leur rôle innovateur dans d'autres domaines comme la combinatoire et les carrés magiques ou l'algèbre et la trigonométrie, devenus depuis fondamentaux.

Quelques millénaires plus tard, la géométrie reste un enjeu majeur de la transmission du savoir mathématique, en particulier pour promouvoir l'éducation du peuple. Le livre d'enseignement de la géométrie du célèbre mathématicien français Legendre (1752-1833) eut une diffusion internationale remarquable, comme presque aucun autre livre de géométrie avant et après lui. En cela il représente un exemple de choix pour une étude comparatiste. Gert Schubring nous présente une analyse critique de l'accueil international qu'a reçu ce manuel.

Dans la contribution “Mathématiques à la sauce nazie”, le lecteur découvrira l'article éponyme, paru dans la revue *Revivre* publiée en 1945 par d'anciens déportés et prisonniers français. Présentée et commentée par Olivier Salon, cette critique acerbe de l'éducation mathématique dispensée sous le IIIe Reich à l'école illustre tristement à quel point la pédagogie, même mathématique, peut être orientée à des fins politiques par un régime totalitaire. Toujours dans cette thématique, on aurait également pu évoquer la période noire de la „purification“ des mathématiques par les nazis (c'est-à-dire l'élimination de toute théorie conçue par des mathématiciens juifs) et montrer que, par exemple en géométrie, cela oblige à définir certains concepts comme ceux de points ou de droites, d'une façon intuitive et imprécise. Ces lacunes laissent des traces visibles encore aujourd'hui, dans les notations utilisées par les élèves allemands, notations dont l'origine nazie n'est pas toujours connue.

Les mathématiciens juifs allemands contraints à l'exil par les nazis ont découvert, à contre gré, les différences de style et d'orientations entre l'école mathématique allemande et les autres écoles. Bernard Bru nous relate ainsi l'expérience du jeune mathématicien Wolfgang Döblin qui quitta Berlin pour Paris en 1933. Brillant étudiant à la Sorbonne, il se spécialisa en calcul des probabilités, domaine dans lequel il excella très tôt comme chercheur. Comment sa biculture franco-prussienne a-t-elle pu influencer sa carrière et en particulier orienter ses travaux vers l'étude mathématique du hasard, encore balbutiante et mal reconnue à l'époque? À ses questions, Bernard Bru nous propose des éléments de réponse.

Dans la contribution suivante, Pierre-Yves Louis s'appuie sur sa propre expérience d'enseignant universitaire en France et en Allemagne pour brosser un portrait actuel des systèmes universitaires allemand et français, afin de les comparer. Il concentre son propos sur certaines spécificités des mathématiques par rapport aux autres champs du savoir académique. L'on constate que, malgré le processus d'harmonisation en cours dans les états européens, l'hétérogénéité des systèmes universitaires reste prononcée car liée à des différences culturelles pérennes. Qui plus est, les universités s'inscrivent dans une tendance émergente en Europe qui, sous des concepts fédérateurs, redonne une plus grande autonomie et diversité au niveau local.

Cette hétérogénéité existe bien sûr dès l'enseignement secondaire.

Richard Cabassut nous invite à considérer un concept fondamental des mathématiques, celui de démonstration, à

la lumière d'une approche comparatiste. Grâce à une analyse basée sur des méthodes qualitative et quantitative, il pointe les différences -et ressemblances- des systèmes éducatifs français et allemands dans la transmission du savoir mathématique au collège et au lycée.
Dans une dernière contribution, Andrea Bréard élargit le débat à d'autres continents, en décrivant l'impact que les différences entre les cultures européenne, chinoise et nord-américaine peuvent avoir sur l'enseignement de l'histoire des mathématiques à l'université. En se basant sur sa propre expérience, elle souligne l'importance primordiale du lien enseignant/étudiants sur la qualité de la transmission du savoir.

Puissent ces quelques réflexions sur l'ancrage de la transmission du savoir mathématique dans sa dimension culturelle démystifier les mathématiques et leur faire retrouver aux yeux des non-spécialistes toute leur humanité...

Quelques aspects de la tradition mathématique arabe (IXe-XVe siècles)

Ahmed Djebbar
Université des Sciences et des Technologies de Lille

Depuis l'avènement de l'Islam, vers 610 jusqu'au début du phénomène de traduction que l'on situe vers la fin du VIIIe siècle, des pratiques mathématiques sont attestées en Arabie et dans les régions qui vont être conquises au nom de la nouvelle religion. Il s'agissait alors, en grande partie, de savoir-faire locaux, riches et diversifiés, qui servaient à résoudre les problèmes rencontrés quotidiennement dans les activités de comptabilité, d'architecture, de décoration et, surtout, dans les nombreuses transactions commerciales et autres. Les outils de ce savoir pratique se limitaient aux techniques de réalisation de figures élémentaires et aux différents procédés de calcul, exact ou approché, faisant intervenir des numérations positionnelles ou non positionnelles et des algorithmes permettant de résoudre des problèmes plus ou moins complexes pour l'époque[1].

Il ne semble pas que ces connaissances aient été consignées sur des supports matériels (papyrus ou parchemins) pouvant servir de manuels pour les enseignants. Aucun témoignage connu ne permet d'affirmer le contraire pour la période antérieure au IXe siècle. Il faudra attendre le Xe siècle pour que des mathématiciens reconnus publient des ouvrages de géométrie ou de calcul contenant une partie de ce savoir. Il est donc raisonnable de penser que sa circulation se faisait,

---

[1] A. Djebbar, *Pratiques savantes et savoirs traditionnels en pays d'Islam: l'exemple des sciences exactes*, Actes du Colloque International sur "*Science and Tradition : Roots and wings for Development*", (Académie Royale des Sciences d'Outre Mer & UNESCO, Bruxelles, 5-6 avril 2001), Bruxelles, 2001, pp. 62-86.

essentiellement, dans les corporations de métiers, au cours d'initiations orales.
Mais, par opposition à ce savoir que l'on pourrait qualifier d'utilitaire, il y a eu, à la même époque, une pratique "savante" des mathématiques, beaucoup plus réduite et cantonnée dans des milieux cultivés de certaines villes, comme Alexandrie, Gundishapour, Nisibe et Harran, ou de quelques monastères, comme ceux de Kenesrin et de Ras al-'Ayn. Dans la plupart des cas, ces enseignements étaient entre les mains d'élites religieuses chrétiennes, sabéennes ou zoroastriennes. Cette pratique peut être qualifiée de "savante" dans la mesure où elle a puisé dans des corpus anciens, en particulier ceux de la Grèce et de l'Inde. Les témoignages qui nous sont parvenus à ce sujet évoquent la géométrie d'Euclide, le système indien de numération et l'astronomie instrumentale avec, en particulier, la description de l'astrolabe[2].

Les premiers pas des sciences en arabe

A partir du VIIIe siècle, la circulation du savoir savant ancien va bénéficier d'un phénomène puissant et de longue durée : celui de la traduction, en arabe, de quelques écrits indiens et d'un grand nombre d'ouvrages grecs. A notre connaissance, les premières traductions de textes scientifiques et philosophiques ont eu lieu durant le règne

---

[2] Une traduction syriaque des *Éléments* d'Euclide a été réalisée avant l'avènement de l'Islam. De son côté, l'intellectuel chrétien du VIIème siècle, Sévère Sébokht, évoque explicitement la présence du système décimal indien (avec le zéro). Quant à l'astrolabe, il nous est parvenu deux écrits sur cet instrument : l'un de Jean Philopon, en grec, et l'autre en syriaque du même Sébokht. Cf. C. Baudoux, *La version syriaque des "Éléments" d'Euclide*. In Deuxième Congrès National des Sciences, Bruxelles I, 1935, pp. 73-75; S. Sébokht, Le traité sur l'astrolabe plan de Sévère Sabokt, F. Nau (trad.), *Journal Asiatique*, 9e série, n° 13 (1899), pp. 56-101 et 238-303 ; J. Philopon, *Traité de l'astrolabe*, A. P. Segonds (édit.), Paris, Astrolabica 2, 1981.

du calife abbasside, al-Mansûr (754-775) et, en partie, sous son impulsion. Parmi les livres importants traduits à cette époque, il y a eu *l'Introduction arithmétique* de Nicomaque de Gérase (II^e^s)[3] et, peut-être, les *Éléments* d'Euclide (III^e^s. av. J.C.). Plus tard, ces deux ouvrages ont bénéficié de nouvelles traductions suivies parfois de révisions. Il faut également signaler la traduction de *La Mesure du cercle*, de *La Sphère et le cylindre* d'Archimède (m. 212 av. J.C.), des *Coniques* d'Apollonius (III^e^s. av. J.C.) et des *Arithmétiques* de Diophante (III^e^s.)[4]. Ainsi, les premiers mathématiciens de la civilisation arabo-musulmane ont pu disposer, relativement tôt, d'ouvrages grecs importants traitant de problèmes de théorie des nombres et de certains aspects de la grande tradition géométrique grecque : les figures planes et solides auxquelles est consacrée la plus grande partie des *Éléments* d'Euclide, les coniques d'Apollonius et la géométrie de la mesure selon les démarches archimédiennes (aires du cercle et de la parabole, volume de la sphère et du paraboloïde).

La science du calcul est le second domaine mathématique qui a bénéficié d'une réactivation et d'un enrichissement, mais sans que l'on puisse toujours déterminer avec précision les sources écrites qui ont été à l'origine de ce phénomène. Au niveau de la numération, en plus de celle, locale, utilisée dans le calcul digital, les astronomes et les mathématiciens ont disposé, dès la fin du VIII^e^siècle, de la numération alphabétique non positionnelle grecque à 27 chiffres et, surtout, de la numération positionnelle indienne à 10 chiffres. A cela, il faudrait ajouter tous les algorithmes

[3] Ibn Qurra, *Kitâb al-mudkhal ilâ ^c^ilm al- ^c^dad.* [Livre introductif à la science du nombre], W. Kutsch (édit. & trad.), Beyrouth, 1958.

[4] Diophante, *Books IV to VII of Diophantus'* Arithmetica *in the Arabic Translation Attributed to Qusta ibn Luqa.* Edited by J. Sesiano. Berlin, Heidelberg, New York, Springer-Verlag, 1982; Diophante, *Les Arithmétiques, texte établi et traduit par R. Rashed,* 2 vols. Paris, Les Belles Lettres, 1984.

permettant de mener à bien les opérations arithmétiques classiques.

Les nouvelles contributions dans les disciplines anciennes

Partant de cet héritage très riche, les premiers mathématiciens des pays d'Islam se sont d'abord préoccupés de la compréhension et de l'assimilation de son contenu. D'où une série d'initiatives qui ont préparé la phase d'innovation : nouvelles traductions des textes fondamentaux, commentaires critiques et, parfois, révision de leurs contenus, reformulation de concepts et intervention dans l'agencement des résultats et dans leur justification, etc. Parallèlement, il fallait proposer des réponses à des questions ou à des besoins provenant de différentes pratiques : économiques, administratives, artistiques, religieuses même. Cela a permis aux scientifiques de l'époque d'être rapidement sollicités, à la fois, par les pouvoirs politiques, par certains groupes sociaux et par les praticiens d'autres disciplines scientifiques, comme l'astronomie et la physique.
C'est ainsi que, tout en résolvant des problèmes concrets, les mathématiciens du IXe siècle ont été amenés à réfléchir à de nouvelles solutions pour des problèmes anciens et à s'engager dans de nouvelles investigations pour répondre à des questions suggérées par leur assimilation du savoir ancien et par les interrogations qui en ont découlé. A partir de là, une recherche puissante a commencé à se développer en suivant deux orientations bien distinctes : celle qui s'inscrivait dans le prolongement des préoccupations et des démarches grecques en mathématique et celle qui innovait complètement en prospectant des voies originales.

L'arithmétique théorique et pratique

La première discipline correspond, de nos jours, à la « *théorie des nombres* », c'est-à-dire à l'étude des propriétés des entiers. Dans ce domaine, les recherches ont commencé, en pays d'Islam, avec l'étude de Thâbit Ibn Qurra (m. 901) sur les nombres amiables, qui nous est parvenue dans une épître du même nom[5]. Nous ne connaissons pas les prolongements éventuels de ces recherches au cours des Xe-XIIe siècles en Orient. Il faudra attendre le XIIIe siècle pour trouver une nouvelle contribution dans ce domaine, celle de Kamâl ad-Dîn al-Fârisî (m. 1319)[6].

Nous savons aussi que des mathématiciens andalous et maghrébins se sont intéressés à ce problème. Le plus ancien d'entre eux est le fameux roi de Saragosse, al-Mu'taman (m. 1085). Dans son important ouvrage, *Kitâb al-istikmâl* [Livre de la perfection], il reproduit, dans une version légèrement remaniée, le contenu du traité d'Ibn Qurra sur les nombres amiables. Au XIIe siècle, c'est au tour d'al-Hassâr, un savant qui aurait vécu à Séville puis à Marrakech, d'exposer le calcul explicite des deux premiers couples de nombres amiables. On retrouvera ces résultats, quelques décennies plus tard, chez Ibn Mun^c^im (m. 1228), un mathématicien andalou ayant vécu et enseigné à Marrakech[7]. D'autres recherches sur les nombres premiers ont été effectuées après le IXe siècle. Une de ces contributions nous est parvenue : il

---

[5] Deux nombres amiables sont deux entiers ayant chacun la propriété suivante : la somme des diviseurs propres de l'un des deux est exactement égale à l'autre nombre.

[6] R. Rashed, *Entre Arithmétique et Algèbre.* Recherches sur l'histoire des mathématiques arabes, Paris, Les Belles lettres, 1984, pp. 259-299.

[7] A. Djebbar, Les livres arithmétiques des *Éléments* d'Euclide dans une rédaction du XIe siècle : le *Kitâb al-istikmâl* d'al-Mu'taman (m. 1085), Revue *Lull*, Saragosse, Vol. 22, n°45 (1999), pp. 589-653.

s'agit du fameux théorème des restes dont une version a été établie par Ibn al-Haytham (m. 1041)[8].

Une seconde orientation en théorie des nombres a été initiée après la traduction des *Arithmétiques* de Diophante par Qustâ Ibn Lûqâ (m. 910). Mais peu de contributions dans ce domaine ont été retrouvées, même si les bibliographes évoquent un certain nombre d'études sur des problèmes de type diophantien, comme celles d'Abû l-Wafâ' (m. 997) et d'Ibn al-Haytham. Parmi les écrits aujourd'hui accessibles, il y a le *Livre des choses rares en calcul* d'Abû Kâmil (m. 930) qui traite des systèmes d'équations indéterminées, et le *Kitâb al-Fakhrî* d'al-Karajî (m. 1029)[9]. C'est également dans le cadre de cette orientation nouvelle que des mathématiciens d'Asie Centrale ont énoncé et tenté de démontrer les deux premiers cas (n = 3 ou 4) de la célèbre proposition, connue plus tard sous le nom de "*conjecture de Fermat*"[10].

Au carrefour de l'arithmétique et de la géométrie, un troisième thème a eu la faveur des chercheurs avant de devenir un chapitre classique des manuels de calcul. Il s'agit de l'étude des propriétés des suites et des séries finies de nombres entiers[11]. Ces objets sont intervenus d'abord comme outils pour résoudre des problèmes d'aire et de volume, comme on peut le voir dans les recherches de Thâbit Ibn Qurra et d'Ibn al-Haytham. Puis ils ont constitué, dans les manuels de calcul, toute une section du chapitre de l'addition et ils ont fourni de nouveaux problèmes, plus ou

---

[8] Le théorème dit : « *si* n > 1, *alors n est un nombre premier si et seulement si le nombre* 2.3. … (n-1)+1 *est divisible par* n ».

[9] F. Woepcke, *Extrait du Fakhrî, traité d'algèbre par Abou Bekr précédé d'un mémoire sur l'algèbre indéterminée chez les Arabes*, Paris, 1853.

[10] Cette conjecture s'énonce ainsi : pour $n > 2$, il n'existe pas en général trois nombres entiers x, y et z vérifiant la relation : $x^n + y^n = z^n$.

[11] Une série numérique finie à n termes est la somme d'une suite de n entiers.

moins complexes, que seuls les outils de l'algèbre pouvaient résoudre avec aisance[12].

Le second volet de l'arithmétique est ce qu'on appelait "*la science du calcul*". Il comprenait les objets et les algorithmes du calcul ainsi qu'un grand nombre de procédures de résolution de problèmes. Ses sources sont essentiellement locales mais enrichies par deux apports importants, celui du système décimal positionnel indien, avec le précieux zéro, et celui de la numération alphabétique des astronomes grecs. Quant aux origines des différentes méthodes de calcul utilisées, l'état de nos connaissances actuelles ne nous permet pas de les préciser, même si des études comparatives ont aidé à déceler, ici ou là, des similitudes avec des pratiques chinoises, indiennes et parfois même égyptiennes.

Les nombreux manuels de calcul produits dans les différentes régions de l'empire musulman et dont certains nous sont parvenus, nous permettent d'affirmer que la cohabitation des traditions antérieures a été la règle pendant des siècles. La terminologie des auteurs confirme d'ailleurs ce phénomène puisqu'ils traitent, parfois dans un même ouvrage, du "*calcul des astronomes*", du "*calcul indien*" et du "*calcul arabe*" (sous-entendu "*digital et mental*")[13]. Mais lorsqu'ils exposent des procédures complexes, ils se réfèrent rarement à des traditions antérieures. Cette démarche est commune aux auteurs des trois grandes régions de l'empire : le centre, l'Occident et l'Asie Centrale. Mais une comparaison détaillée révèle certaines spécificités. Pour nous limiter à l'Occident musulman (Andalus et Maghreb), on constate une modification profonde de la graphie des chiffres indiens, l'introduction d'un symbolisme précis

---

[12] M. Souissi, *Ibn al-Bannâ al-Murrâkushî, Talkhî a^c^mâl al-hisâb* [Ibn al-Bannâ de Marrakech, L'abrégé des opérations du Calcul], Tunis, Publications de l'Université de Tunis, 1969.

[13] Al-Kâshî, *Miftâh al-hisâb* [La clé du calcul], A. S. Damirdash & M. Hamdi (édit.), Le Caire, 1967.

permettant d'exprimer les différents types de fractions intervenant dans le calcul des parts des ayant droits dans la répartition d'un héritage et, enfin, la modification de la valeur de certaines lettres dans la numération alphabétique des astronomes.

La géométrie

Les aspects pratiques de la géométrie ont constitué le premier champ d'activité de cette discipline, et ce bien avant les traductions des ouvrages grecs. Une partie du savoir géométrique qui a commencé à être enseigné et recopié provient des savoir-faire des différents corps de métier qui faisaient appel aux procédés de mesurage et de découpage des terrains. Une seconde partie s'est constituée, relativement tôt, dans le cadre des pratiques architecturales et artistiques, comme le confirme Abû l-Wafâ' dans un de ses ouvrages qui, comme son titre l'indique, contient « *ce qui est nécessaire à l'artisan en constructions géométriques* »[14]. Un des derniers ouvrages témoignant de la vitalité de ces pratiques est le *Miftâh al-hisâb* [La clé du calcul] d'al-Kâshî (m. 1429) dans lequel l'auteur consacre un chapitre entier à la présentation des procédés de réalisation des coupoles et des stalactites (*Muqarnas*). Il faut également signaler la présence de la géométrie comme outil dans deux disciplines scientifiques importantes : l'astronomie appliquée, avec la conception et la réalisation de nombreux instruments de mesure, et la physique avec le développement d'un important chapitre sur l'optique, comprenant l'étude géométrique de la réflexion, de la réfraction, des miroirs ardents et du phénomène de l'arc-en-ciel.

---

[14] Abû l-Wafâ' : *Kitâb fîmâ yahtâju ilayhi as-sânî*ᶜ *min a*ᶜ*mâl al-handasa* [Livre de ce qui est nécessaire à l'artisan en constructions géométriques], S. A. Al ᶜAli (édit.), Bagdad, 1979.

Dans le domaine théorique, les sources sont exclusivement grecques et ce sont les *Éléments* d'Euclide qui en constituent le socle. Ses treize chapitres (complétés par deux chapitres attribués à Hypsiclès) ont inspiré de nombreuses études[15]. Il y a eu, en particulier, l'arithmétisation du *Livre* X qui a favorisé des recherches ayant abouti à l'extension du concept de nombre. Ainsi, à partir de la notion de nombre héritée des Grecs, les mathématiciens des pays d'Islam ont fini par appeler "nombres", tous les irrationnels obtenus comme racine $n^{\text{ième}}$ d'un entier ou d'une fraction puis tout rapport de deux grandeurs incommensurables.

Une seconde orientation, inspirée par la lecture du *Livre* I des *Éléments* a été l'étude du postulat des parallèles, avec la critique de la démarche d'Euclide et les nombreuses tentatives de démonstration de ce postulat. Parmi les mathématiciens qui se sont préoccupés de ce problème et, plus généralement, des fondements de la géométrie, il y eut an-Nayrîzî et Thâbit Ibn Qurra au IX^e^siècle, Ibn al-Haytham au Xe, ôUmar al-Khayyâm au XIe et Nasîr ad-Dîn at-Tûsî au XIIIe. Tous ces travaux n'ont pas, bien entendu, permis de prouver le fameux postulat; mais ils ont permis de "débroussailler" la question et ont, objectivement, préparé les nouvelles avancées sur le sujet qui ont eu lieu en Europe à partir du XVIIe siècle[16].

Au carrefour des traditions géométriques d'Apollonius et d'Archimède, une troisième orientation a vu le jour en pays d'Islam, celle de la génération des courbes du second degré et de la détermination des aires ou des volumes qui leur sont associés. Dans ce domaine, les travaux produits en Orient sont ceux de Thâbit Ibn Qurra sur les paraboles, les ellipses

---

[15] Euclide, *Les Éléments*, B. Vitrac (trad.), Paris, Presses Universitaires de France, 1990-2001.

[16] K. Jaouiche, *La théorie des parallèles en pays d'islam*, Paris, Vrin, 1986.

et les paraboloïdes, ceux de son petit-fils Ibrâhîm Ibn Sinân (m. 940) concernant également les paraboles et ceux d'Ibn al-Haytham sur le volume de la sphère et de différents types de paraboloïdes[17]. En Andalus, deux auteurs importants du XI[e]siècle ont écrit sur le sujet : Ibn as-Samh et al-Mu'taman[18].

Il faut enfin signaler des contributions originales qui prolongent les traditions philosophiques et mathématiques grecques. Certaines concernent des concepts, comme ceux d'unité, d'infini et de base numérique. Ce sont essentiellement les philosophes qui s'y sont intéressés, même si on trouve, sur ces thèmes, certains commentaires de mathématiciens. D'autres ont été la conséquence du développement de la géométrie dans sa phase arabe. Il s'agit des outils de la démonstration. Trois écrits portant sur ce sujet nous sont parvenus, ceux d'Ibrâhîm Ibn Sinân, d'as-Sijzî (X[e]s.) et d'Ibn al-Haytham. Les deux premiers concernent différentes manières d'aborder un problème de géométrie en fonction de sa nature (propriété à établir ou construction à réaliser). Le troisième étudie deux outils importants de la démonstration hérités des Grecs : l'analyse et la synthèse[19].

---

[17] R. Rashed, Ibn al-Haytham et la mesure du paraboloïde, *Journal for the History of Arabic Science* 5 (1981), pp. 262-291.

[18] T. Lévy, *Fragment d'Ibn as-Samh sur le cylindre et sur ses sections planes conservé dans une version hébraïque*, in R. Rashed (édit), *Les mathématiques infinitésimales du IXe au XIe siècle*, Londres, Al-Furqân, vol. 1, 1995, pp. 929-973; J.-P. Hogendijk, The Geometrical Parts of the Istikmâl of Yûsuf al-Mu'taman ibn Hûd : An Analytical Table of Contents, *Archives Internationales d'Histoire des Sciences* 41 (1991), pp. 207-281.

[19] H. Bellosta, Ibrâhîm ibn Sinân: On Analysis and Synthesis, *Arabic Sciences and Philosophy* 1 (1991), pp. 211-232; J.-P. Hogendijk, *Al-Sijzî's treatise on Geometrical problem solving*, Tehran, Fatemi Publishing Co, 1996; R. Rashed, *L'analyse et la synthèse chez Ibn al-Haytham*. In R. Rashed (édit.), *Mathématiques et philosophie de l'Antiquité à l'Âge classique*, Paris, Editions du C.N.R.S., 1991, pp. 131-162.

Les nouvelles disciplines

En plus de leurs apports originaux dans les disciplines développées dans le cadre des traditions scientifiques indiennes et grecques, les mathématiciens des pays d'Islam ont été les initiateurs de nouveaux chapitres mathématiques dont deux, l'algèbre et la trigonométrie, ont pu s'autonomiser par rapport aux disciplines traditionnelles dans lesquelles elles sont nées, c'est-à-dire, respectivement, la science du calcul et l'astronomie. Les deux autres - la combinatoire et les carrés magiques -, ont connu un développement quantitatif et qualitatif suffisamment important, au vu des documents qui nous sont parvenus, pour que l'on puisse les considérer comme des disciplines en phase d'élaboration, avec des terminologies et des démarches spécifiques.

L'algèbre

A partir d'un procédé de résolution de problèmes concrets (transactions commerciales, arpentages, répartition des héritages), les premiers "promoteurs" de l'algèbre ont élaboré un ensemble d'objets et d'outils qui ont rapidement transformé une simple procédure arithmétique en un domaine bien délimité avec une terminologie propre et, surtout, un champ d'investigation prometteur. Dès le Xe siècle, un consensus s'est dégagé sur la priorité d'al-Khwârizmî (m. 850) dans la rédaction du texte fondateur de cette discipline. Il s'agit d'un petit opuscule que l'on a pris l'habitude d'intituler *l'Abrégé du calcul par la restauration et la comparaison*. Il est tout à fait vraisemblable que des manuels traitant du même sujet aient vu le jour à Bagdad à la même époque. C'est en tout cas ce que laisse supposer la polémique qui a surgi à la fin du IXe siècle à propos d'un autre livre, celui d'Ibn Turk, qui traite des mêmes thèmes. Quoi qu'il en soit, c'est bien à Bagdad, dans la première moitié du IXe siècle, que les premiers constituants de la nouvelle discipline sont rassemblés d'une manière cohérente[20].

Les premiers commentaires qui ont été inspirés par le livre d'al-Khwârizmî ne nous sont pas parvenus mais il est vraisemblable que leurs contenus aient été intégrés dans des ouvrages postérieurs, comme celui du grand algébriste Abû Kâmil. Dans ce dernier traité, on décèle déjà certains progrès : utilisation de nombres irrationnels comme coefficients des équations et comme éléments des solutions, résolution de problèmes de même nature que ceux du livre d'al-Khwârizmî mais beaucoup plus complexes, utilisation plus souple des outils géométriques pour justifier l'existence des solutions des équations du second degré.

Dès la seconde moitié du Xe siècle, on observe les prémisses de nouvelles orientations en algèbre : apparition des notions de monôme et de polynôme, discussion de la notion de "puissance" de l'inconnue, extension des opérations arithmétiques classiques aux nouveaux objets, généralisation de la notion d'équation avec résolution de différents types de problèmes aboutissant à des équations de degré supérieur à 2, mais réductibles à des équations du premier ou du second degré. Parmi les promoteurs de cette nouvelle orientation, on peut citer Sinân Ibn al-Fath (X^{e}), al-Karajî et as-Samaw'al (m. 1175).

Une seconde orientation, dont nous avons déjà évoqué l'aspect arithmétique, a été inspirée par la traduction des *Arithmétiques* de Diophante. Elle a consisté en la résolution de différentes catégories d'équations indéterminées, à l'aide de la combinaison des outils de l'arithmétique et de l'algèbre.

---

[20] Al- Khwârizmî, *al-Kitâb al-mukhtasar fî l-jabr wa l-mûqabala*. [Le livre abrégé sur la restauration et la comparaison], A. M. Musharrafa et M. M. Ahmad (édit.), Le Caire, 1968.

Une troisième orientation a vu le jour progressivement comme conséquence de l'échec des algébristes dans leurs tentatives de résoudre des équations de degré supérieur ou égal à trois. Un des pionniers de ce chapitre a été al-Mâhânî (m. vers 880). Puis, après quelques succès ponctuels réalisés par Abû l-Jûd et al-Kûhî, tous deux du Xe siècle, puis par Ibn al-Haytham, 'Umar al-Kayyâm (m. 1131) réussit à unifier toutes les tentatives de ses prédécesseurs en une théorie géométrique des équations cubiques qu'il a publiée dans son fameux *Kitâb al-jabr* [Livre d'algèbre][21].
Parallèlement à ces incursions dans la nouvelle voie menant vers "l'algèbre géométrique", et en partant toujours des problèmes du 3e et du 4e degrés, les astronomes ont été amenés à développer un autre chapitre, celui de la résolution des équations par des méthodes d'approximation, enrichissant ainsi le domaine de l'analyse numérique par de nouveaux procédés. On peut repérer ces démarches dès le IXe siècle avec les calculs de Habash al-Hâsib, prolongés par ceux d'al-Bîrûnî (m. 1048), de Sharaf ad-Dîn at-Tûsî (m. 1213) et d'al-Kâshî (m. 1429).
Le développement de ces différents chapitres ont, semble-t-il, favorisé le processus d'autonomisation de l'algèbre vis-à-vis de la géométrie. Dès la fin du IXe siècle, Abû Kâmil se libère quelque peu de l'homogénéité des objets géométriques intervenant dans un problème. Après lui, al-Karajî éprouve le besoin de fournir, en plus des démonstrations géométriques classiques de l'existence des solutions des équations, des preuves de nature plus algébriques, au sens où nous l'entendons aujourd'hui. Cette tendance s'est poursuivie avec al-Khayyâm (m. 1131) et at-Tûsî qui ont eu l'idée d'utiliser certaines propriétés des polynômes qui expriment les équations. D'une manière indépendante, le mathématicien maghrébin Ibn al-Bannâ

[21] A. Djebbar & R. Rashed, *L'œuvre algébrique d'al-Khayyâm*, Alep, Institut for the History of Arabic Sciences, 1981.

(m. 1321) démontre l'existence des solutions des équations sans se référer à des supports géométriques.
Il faut enfin signaler l'apparition, dans le cadre de ces investigations et de ces pratiques, de deux types de symbolisme algébrique. Le premier est utilisé, pour la première fois à notre connaissance, par as-Samaw'al à Bagdad dans son étude des polynômes. Il s'agit d'une présentation des monômes dans un tableau où chaque colonne correspond à un degré. Grâce à ce procédé, il a pu appliquer les opérations arithmétiques classiques aux polynômes (addition, soustraction, multiplication et extraction de racine). La seconde forme de symbolisme apparaît dans les écrits maghrébins vers la fin du XIIe siècle. Comme aujourd'hui, ce sont des lettres de l'alphabet qui représentent les puissances de l'inconnue et l'égalité des deux membres d'une équation. L'élaboration de ce symbolisme n'est attribuée à aucun mathématicien et on ne connaît pas la date exacte de sa première intervention dans l'enseignement mathématique d'al-Andalus et du Maghreb. Sa plus ancienne manifestation se trouve dans un manuel de la seconde moitié du XIIe siècle, celui d'Ibn al-Yâsamîn (m. 1204) qui a vécu à Séville et à Marrakech. Mais on retrouve les différents éléments de ce symbolisme dans tous les ouvrages postérieurs au XIIIe siècle, en particulier ceux d'Ibn Qunfudh (m. 1407), d'al-Qalasâdî (m. 1485) et d'Ibn Ghâzî (m. 1513)[22].

Analyse combinatoire et carrés magiques

Les premières pratiques combinatoires, en pays d'Islam, ont été une réponse aux interrogations qui sont apparues vers la seconde moitié du VIIIe siècle lorsque la langue arabe s'est imposée comme vecteur de la nouvelle religion et comme

---

[22] A. Djebbar, *L'algèbre arabe, genèse d'un art*, Paris, Vuibert-Adapt, 2005.

expression du pouvoir politique qui contrôlait l'empire. D'une manière plus précise, c'est à al-Khalîl Ibn Ahmad (m. vers 786), le célèbre lexicographe, que sont attribuées les premières démarches combinatoires dans le cadre de ses investigations sur les structures internes de la poésie et de la métrique arabes. Il s'agissait alors de révéler la logique interne de la constitution des rythmes et des mètres poétiques, et de déterminer le nombre de mots que l'on pouvait obtenir avec l'alphabet d'une langue donnée, en vue d'élaborer un nouveau type de dictionnaires.

Ces démarches ont abouti à une véritable théorisation de la métrique arabe. Pour la prose, les résultats élémentaires obtenus découlaient de simples énumérations. Après plusieurs tentatives arithmétiques et mécaniques, le dénombrement de tous les mots d'une langue est resté un problème ouvert jusqu'à la fin du XIIe siècle où le mathématicien Ibn Mun^{c}im, qui a déjà été évoqué, propose une solution complète au problème d'al-Khalîl. C'est dans on ouvrage *Fiqh al-hisâb* [La science du calcul] qu'il expose ses résultats en réservant un chapitre entier à ce problème. Ce faisant, il établit à l'aide de démonstrations inductives, un ensemble de propositions lui permettant de déduire la réponse cherchée. C'est dans ce contexte qu'il construit le triangle arithmétique selon une démarche purement combinatoire[23]. Après lui, le mathématicien Ibn al-Bannâ, voulant se démarquer de son illustre prédécesseur, a établi, pour la première fois, la fameuse formule permettant de calculer les combinaisons de n objets p à p, sans avoir à construire, à chaque fois, le fameux triangle.

Ces contributions ont apparemment encouragé des mathématiciens postérieurs à s'intéresser aux aspects combinatoires de certains problèmes mathématiques

---

[23] A. Djebbar, *L'analyse combinatoire au Maghreb : l'exemple d'Ibn Mun^{c}im (XIIe-XIIIe siècles)*, Paris, Université Paris-Sud, Prépublication, 1983, n°83 T 03; Publications Mathématiques d'Orsay, 1985, n°85-01.

(comme le dénombrement des fractions ou des équations de degré quelconque) et parfois même à ceux de problèmes non mathématiques, comme les différentes lectures d'une phrase selon les règles de la grammaire ou le nombre de prières à effectuer pour compenser celles qui ont été oubliées[24].

En relation avec le thème précédent, il faudrait évoquer, brièvement, la construction des carrés magiques. C'est un thème de recherche qui se situe au croisement de la combinatoire et de la théorie des nombres. Les travaux de ces vingt dernières années, basés sur des manuscrits arabes qui n'avaient pas encore fait l'objet d'étude, ont révélé l'existence, dans ce domaine, d'une tradition à la fois forte et originale. Cela a débuté avec les travaux de Thâbit Ibn Qurra, suivis par ceux d'al-Antâkî (Xe s.), d'Abû l-Wafâ', d'Ibn al-Haytham et d'autres mathématiciens moins connus. Tous les types de carrés ont été étudiés et leur construction a été résolue en faisant intervenir différents procédés de remplissage. Il faut enfin signaler que, malgré le caractère strictement scientifique de l'étude de ces carrés, cela n'a pas empêché le développement, en aval, de toute une activité astrologique où les bienfaits de certains carrés étaient mis en avant. C'est d'ailleurs à cause de cet aspect populaire que le nom arabe de ce chapitre, *les nombres de l'harmonie*, a été remplacé, dans l'Europe médiévale, par "*carrés magiques*"[25].

La trigonométrie

Les premiers éléments de trigonométrie sont apparus dans le cadre des activités astronomiques grecques et indiennes.

---

[24] A. Djebbar, *Enseignement et Recherche mathématiques dans le Maghreb des XIIIe-XIVe siècles*. Paris, Université Paris-Sud, Publications Mathématiques d'Orsay, 1980, n° 81-02.

[25] J. Sesiano, *Les carrés magiques dans les pays islamiques*, Lausanne, Presses Polytechniques et Universitaires Romandes, 2004.

Il s'agit, essentiellement, de la *corde de l'angle double*, abondamment utilisée par Ptolémée dans son *Almageste* et du *sinus* provenant de textes sanscrits. Ces outils sont parvenus tels quels aux premiers utilisateurs de la tradition arabe, à travers les traductions qui ont été réalisées à la fin du VIIIe siècle et au début du IXe. Ils ont servi d'abord à confectionner les premières tables astronomiques en arabe et à exprimer les relations existant entre différents éléments du théorème de Ménélaüs (appelé, en arabe "*figure sécante*"), théorème qui permettait de déterminer un élément d'un triangle sphérique à partir de cinq grandeurs connues. Puis, avec le développement des activités astronomiques, d'autres calculs ont fait appel à ces outils : détermination des longitudes et des latitudes, conception et utilisation d'instruments, confection de calendriers, etc.
Après une période de juxtaposition des éléments de trigonométrie grecque et indienne, les astronomes ont opté pour les notions de *sinus* et de *cosinus* auxquelles ils ont adjoint deux nouvelles grandeurs : la *tangente* et la *cotangente*. Plus tard, les relations liant ces quatre grandeurs ont été établies et de nouveaux théorèmes ont été démontrés, augmentant considérablement le nombre d'outils trigonométriques à la disposition des astronomes. Parmi les résultats les plus importants obtenus dans ce domaine, il faut signaler le théorème du sinus (dans sa version sphérique), qui est connu dans la tradition arabe sous le nom de "*théorème qui dispense*". En effet, en "dispensant" les astronomes de l'utilisation du théorème de Ménélaüs, ce précieux outil leur a permis de réaliser de grandes économies de temps puisqu'ils pouvaient désormais déterminer une valeur inconnue d'un triangle sphérique en connaissant trois grandeurs seulement et en n'effectuant que la moitié des opérations arithmétiques qui étaient nécessaires avec l'ancien théorème.
Ce résultat, qui a été établi presque à la même époque, par un certain nombre de grands astronomes, comme Abû l-

Wafâ', Ibn ^{c}Irâq, al-Bîrûnî (m. 1048), a suscité une sérieuse polémique au sujet de la priorité des uns et des autres dans sa découverte[26]. Quoi qu'il en soit, il a été jugé suffisamment important pour qu'il ait été diffusé rapidement dans tous les foyers scientifiques de l'empire musulman. C'est ainsi qu'on le retrouve en Andalus, dès la fin du XIe siècle, dans l'ouvrage d'Ibn Mu^{c}âdh (m. 1079) intitulé "*Livre sur les arcs inconnus de la sphère*" et, plus tard, en Europe grâce aux traductions latines du livre de Jâbir Ibn Aflah (XII^{e}s.), *Islâh al-Majistî* [Révision de l'Almageste] et du *Kitâb ash-shifâ'* [Livre de la guérison] d'Ibn Sînâ (m. 1037).

La dernière étape dans la phase arabe de la trigonométrie a été la publication d'ouvrages consacrés exclusivement aux objets, aux outils et aux résultats de cette discipline. Les premiers sont apparus dans la seconde moitié du XIe siècle. C'est le cas d'un traité anonyme écrit en Asie Centrale, de l'ouvrage d'al-Bîrûnî, les *Clés de l'astronomie* et de celui d'Ibn Mu^{c}âdh qui vient d'être évoqué. Mais c'est Nasîr ad-Dîn at-Tûsî (m. 1274), dans son *Livre de la figure sécante*, qui est allé le plus loin dans ce processus d'autonomisation de la trigonométrie vis-à-vis de l'astronomie[27].

---

[26] M.-Th. Debarnot, *al-Bîrûnî, Kitâb maqâlîd ^{c}ilm al-hay'a (Les clefs de l'astronomie). La trigonométrie sphérique chez les Arabes de l'est à la fin du Xe* siècle, Damas, Institut Français de Damas, 1985.

[27] A. Djebbar, *La phase arabe de l'histoire de la trigonométrie*, Actes du colloque "*Les instruments scientifiques dans le patrimoine : quelles mathématiques ?*" (Rouen, 6-8 avril 2001), Paris, Editions Ellipse, 2004, pp. 415-435.

La diffusion internationale de la géométrie de Legendre : différentes visions des mathématiques

Gert Schubring
Universität Bielefeld
(Université de Bielefeld, Allemagne)

(traduction : Elsa Coppoletta)

Le manuel de géométrie du célèbre mathématicien français Adrien-Marie Legendre (1752-1833) eut une diffusion internationale remarquable, comme presque aucun autre livre de géométrie avant et après lui – mis à part les *Éléments de géométrie* d'Euclide. En cela, il représente un exemple de choix pour une étude comparatiste. Mon but, ici, est de présenter une analyse critique de l'accueil international qu'a reçu ce livre.

Legendre en France

Legendre a publié son manuel en 1794 ; il s'inscrit dans cet effort exceptionnel qu'ont fourni savants et intellectuels au service de la nouvelle République Française pour mettre en œuvre un programme de vulgarisation du savoir ; en d'autres termes, pour appliquer le programme des Lumières consistant à combattre les préjugés par la connaissance scientifique et à promouvoir l'éducation du peuple. Dans cette optique, un des projets clés de la jeune République fut d'ouvrir un concours pour inciter à la réalisation de *livres élémentaires* les meilleurs possibles. La conception de ces livres avait été planifiée comme première étape dans la construction d'un nouveau système éducatif (Schubring 1982, p. 111). Mais les résultats du concours furent dans l'ensemble décevants, c'est pourquoi l'on commença par

former des professeurs et par créer des écoles (Schubring 1982, p. 116).
Legendre était un chercheur reconnu en analyse, spécialiste par exemple des fonctions elliptiques, ainsi qu'en théorie des nombres. Au temps des bouleversements engendrés par la Révolution française, il se consacra aussi à l'enseignement et en particulier à celui de la géométrie. Son manuel ne put être primé au concours, car seuls des manuscrits non publiés y étaient admis, mais il reçut une distinction (Schubring 1982, p. 126). Il fut reconnu par ses contemporains comme la première présentation rigoureuse de la géométrie depuis Euclide. Cent ans après, Florian Cajori affirme encore :

> "*Legendre has been the greatest modern rival of Euclid*" (Cajori 1890, p. 129)

Nous allons parler par la suite du développement de différents types et styles de manuels scolaires de géométrie et du rôle que Legendre y tint.
Legendre retravailla continuellement le texte de son manuel, et plus particulièrement la partie concernant la théorie des parallèles. Son œuvre fut éditée en tout douze fois. La dernière édition qu'il a supervisée, la douzième, fut publiée à Paris en 1823. Après la mort de Legendre, ce fut Marie Alphonse Blanchet qui s'occupa des éditions suivantes de ce manuel.
Ce sont les éditions des années 1880 qui sont particulièrement connues - comme la vingt-neuvième de l'année 1886 et une édition brésilienne de la même année, qui est la traduction de la vingt-sixième édition française. En 1891 parut déjà la trente-septième édition. Cependant, des recherches bibliographiques plus précises montrent que ce comptage n'est pas continu depuis la première édition de Legendre en 1794, mais qu'on recommença le comptage lors de la première nouvelle édition de Blanchet, en 1845. Son grand nombre de tirages prouve qu'elle fut aussi un

énorme succès. Après la mort de Legendre en 1833, la maison d'édition Firmin Didot continua la publication de la douzième édition, et l'appela treizième et quatorzième édition. Vers 1840, le comptage des éditions se brouille, car d'autres tirages indépendants sortirent à Bruxelles, jusqu'à vingt.

Le manuel de Legendre prit et garda une place centrale en France pendant tout le 19ème siècle, malgré la concurrence certaine du manuel analogue de Sylvestre-François Lacroix (1765-1843). Ce dernier, qui publia son œuvre malgré la résistance de Legendre, eut même pendant longtemps le monopole dans les lycées français (Schubring 1987).

Accueil international

J'en viens donc au sujet proprement dit : l'accueil du manuel de Legendre à l'étranger, et en particulier l'examen de ses diverses traductions. Nous évoquerons d'abord les premières éditions dans les pays où l'on en trouve des traces bibliographiques (schéma 1).
Les premières traductions apparurent en Italie en 1802 et en Espagne en 1807. On pourrait interpréter la précocité de ces traductions par l'influence politique de la France : la première traduction italienne se fit à Pise, ville d'Etrurie qui était gouvernée par la soeur de Napoléon. L'édition espagnole parut à Barcelone, terre aussi dominée par la France. Mais, déjà, la troisième édition, la brésilienne de 1809, prouve que, si le texte fut traduit aussi tôt, ce n'est dû qu'à sa valeur intrinsèque : le Brésil était devenu peu de temps auparavant le refuge du roi portugais fuyant l'invasion française. Celui-ci essayait de développer cette colonie reculée - ne possédant même pas encore d'imprimerie - en un état moderne bien structuré. Pour ce faire, il prévoyait non seulement la création d'écoles

supérieures, comme une académie militaire, mais aussi une impression importante de livres, au départ principalement des traductions d'ouvrages scientifiques français.

1794 Original français
1802 Italie
1807 Espagne
1809 Brésil
[1810/1812 Grèce]
1819 États-Unis
1819 Russie
1822 Angleterre
1822 Allemagne
1826 Suède
1829 Pays Bas
1830 (environ) Suisse
1836 Empire Ottoman

Schéma 1: Les premières publications dans différents pays

Les traductions suivantes eurent lieu dans plusieurs pays européens et aux États-Unis; on en trouve aussi deux dans l'Empire Ottoman. Dans l'ensemble, on constate que le manuel de Legendre eut un accueil international plus grand que celui de son concurrent français Lacroix ; par exemple, Lacroix ne fut traduit ni en Grèce ni en Italie.

L'expression "première publication" signifie qu'il y eut d'autres éditions dans les pays respectifs. Effectivement, il y eut même, dans certains pays, plusieurs traductions, qui eurent chacune plusieurs éditions. Pour l'Allemagne, les traductions de August Leopold Crelle sont très connues : la première est basée sur la onzième édition de Legendre, et la deuxième de 1833, qui n'est pas identique, est basée sur la douzième édition de Legendre. Etonnamment, cette deuxième traduction fut plusieurs fois rééditée jusqu'en 1873 : au moins six fois.

En Angleterre, David Brewster a traduit Legendre pour la première fois en 1822. Il y eut plusieurs rééditions, au moins jusqu'en 1846.
Les États-Unis réservèrent un accueil extraordinaire à ce manuel. Farrar y édita dès 1819 une traduction, dont le titre laisse entendre qu'elle est adaptée aux exigences didactiques des États-Unis. Cette traduction fut rééditée, au moins neuf fois jusqu'en 1841. De plus, il y eut une autre traduction, inspirée de l'édition de Brewster, qui est citée au moins en 1844 et en 1848. Nous trouvons encore une autre édition faite pour une institution spécifique, la célèbre académie militaire de West Point. La première édition de 1828 porte le sous-titre: "*Revised and altered for the Use of the United States Military Academy*"; s'en suivirent les éditions de 1830 et 1832. Plus précisément, ces versions furent éditées par Charles Davis, alors professeur à West Point, et constituent les premiers tirages de l'édition proprement dite de Legendre aux États-Unis, qui parut en 1834 comme quatrième édition. Il tenait compte des besoins spécifiques de l'enseignement aux États-Unis. À partir de ce moment-là, l'édition de Davis devint un best-seller et s'affirma comme référence pour l'enseignement de la géométrie aux États-Unis. À partir de 1840, les éditions se succèdent presque annuellement. Ce n'est que dans les années 1870 que le nombre d'éditions décroît, mais continue jusqu'au moins en 1890. Au cours de cette période, on compte au moins 45 nouvelles éditions.

Editions concurrentes

Alors qu'en Allemagne, Crelle fut le seul traducteur de Legendre, et qu'aux Etats-Unis, une seule édition prédomina pendant le 19e siècle, la Grèce fournit le premier exemple de traductions concurrentes. Après les premières traductions de 1810 et 1812, qui n'ont pas été publiées en tant que manuscrits, il y eut une première publication par I.

Carantinos, qui fut éditée deux fois. Mais à partir des années 1850, quatre traductions existèrent parallèlement : celles de G. Zochios (1857 et 1878), de C. Vafas (1860 et 1870), de A. Damascinos (cinq éditions entre 1862 et 1878) et de A. Fatseas (1870). Des historiens grecs des mathématiques ont expliqué l'existence de plusieurs traductions par les conflits qui existent entre les différentes variétés linguistiques en Grèce. En effet, il existait une grande différence entre la langue dite populaire et une version éloignée classiciste, proche de l'idéal du grec ancien, cependant difficilement acceptée. Des recherches plus précises sur ces différences sont effectuées actuellement par Nikos Kastanis (Thessalonique).
La pluralité des traductions grecques souligne, pour la première fois, l'importance du texte de base. Car pour les éditions grecques postérieures à 1850, ce n'est plus un des textes de Legendre qui est utilisé, mais ce sont les versions de Blanchet.

Legendre en Italie

C'est en Italie que nous trouvons le plus grand nombre de parutions de traductions différentes simultanément. Ainsi le catalogue numérisé italien m'avait indiqué l'existence d'au moins sept éditions différentes.
Dans ce même catalogue, les publications de la première moitié du 19e siècle sont peu présentes, contrairement à celles de la deuxième moitié du 19e siècle. Ceci reflète un problème plus général concernant la recherche sur l'histoire italienne du 19e siècle. En effet, il n'y a pas de catalogue national centralisé où sont inscrits les livres publiés dans la première moitié du 19e siècle. Cela explique l'absence de recherches systématiques sur l'histoire des mathématiques, en particulier dans le secondaire, avant la création de l'État Italien en 1861.

Le résultat de recherches intensives dans les catalogues des différentes bibliothèques italiennes est surprenant : le nombre d'éditions différentes y est le double que prévu. Sur l'ensemble du 19e siècle, ont été imprimées quatorze éditions différentes de Legendre, chacune en plusieurs tirages. L'histoire politique de l'Italie nous fournit une première explication pour cette pluralité d'éditions. En effet, l'Italie, comme l'Allemagne, n'était pas un état unifié. Sur son territoire coexistaient, d'une part, une multitude d'états indépendants, et d'autre part, des états dépendant de la France ou de l'Autriche. De plus, une grande partie du nord-est de l'Italie faisait partie de l'empire autrichien. Les états les plus importants étaient le royaume des deux Siciles avec pour capitale Naples, l'état du Vatican, qui s'étendait du Latium au Nord de Bologne, c'est-à-dire jusqu'à la frontière autrichienne, le grand-duché de Toscane et le royaume de Sardaigne, ainsi que le Piémont et la Lombardie. En réalité, on compte des éditions principalement dans le grand-duché de la Toscane (avec Pise, Florence et Livourne comme lieux d'impression) et dans le royaume des deux Siciles, lieu où le plus grand nombre d'éditions coexistent (à Naples). Malheureusement, il n'y a pas, comme nous l'avons dit, de recherches précises sur l'histoire de l'enseignement des mathématiques dans ces États, c'est pourquoi l'on ne peut pas estimer dans quelle mesure, dans quel état, ni laquelle de ces différentes éditions a été utilisée à un moment donné.
L'Italie a la particularité d'avoir prescrit le manuel de géométrie d'Euclide dans le premier programme national de l'enseignement secondaire, en 1867. On y refusa par là même le manuel de géométrie de Legendre, non seulement parce qu'il était étranger, mais aussi à cause d'un prétendu manque de rigueur. S'en suivit la situation paradoxale suivante : l'Italie, pays dans lequel le manuel de Legendre fut le mieux accueilli, fut en même temps le pays où il fut le

plus critiqué à cause de ce manque de rigueur, alors que, partout ailleurs, sa rigueur était louée.
Je vais esquisser maintenant le problème général du développement du lien entre géométrie et algèbre évoqué par la critique, et en particulier les raisons pour lesquelles la diffusion dans les écoles du manuel de géométrie de Legendre fut empêchée en Italie.

Géométrie contre algèbre

Lorsqu'on parle de l'évolution du rapport entre la géométrie et l'algèbre, il faut prendre en compte la double critique qu'il y eut contre les *Éléments* d'Euclide.
La première remonte aux temps modernes et est due à Pierre de la Ramée (1515-1572). Il ne critiqua pas -comme à l'habitude- l'état incomplet des propositions ou des démonstrations, mais il émit une critique beaucoup plus fondamentale et méthodique. Il contesta le rôle de modèle glorifié des *Éléments*, et en critiqua le manque d'ordre et l'agencement peu systématique, en particulier le mélange d'arguments géométriques et arithmétiques. Il développa une série de nouvelles règles méthodologiques pour remplacer le modèle euclidien par un système plus approprié. Pour lui, la géométrie devait être au service de l'arithmétique et de l'algèbre. Cette critique de Pierre de la Ramée contre Euclide obtint un écho positif et une diffusion croissante en France. La célèbre œuvre de Descartes *Discours de la méthode* (1637) constitue une application et un développement des règles méthodiques de La Ramée. Et le manuel influent d'Antoine Arnauld, *Nouveaux Éléments de Géométrie* (1667), souligna non seulement le rejet d'Euclide, remplacé par une approche alternative, mais établit aussi en pratique une « exception française » pour les manuels de géométrie. Cette méthodologie anti-euclidienne du 18e siècle en France conduisit finalement à la publication

de manuels de géométrie de présentation plaisante, mais au détriment de la rigueur de leur contenu. Le but était de ne pas effrayer les lecteurs, et principalement un public mondain.
La Révolution française provoqua une rupture radicale avec cette tradition par l'établissement pour la première fois d'un système scolaire général. Pour mettre en place ce nouveau système éducatif, qui ne prenait pas en compte le statut social de l'élève, il fallut réhabiliter les vertus de la rigueur, et la redéfinir dans un sens moderne. Le manuel de Legendre fut la première réalisation importante s'inscrivant dans cette nouvelle orientation. C'est pourquoi Lacroix et Delambre soulignèrent, dans leur rapport de 1810 sur les progrès des mathématiques depuis la révolution, que Legendre « entreprit de faire revivre parmi nous le goût des démonstrations rigoureuses » (Delambre, 1810, p. 45).

Le destin de la théorie des proportions

Le deuxième type de critiques formulées contre Euclide concerne la théorie des proportions, et en particulier son traitement différent des grandeurs commensurables et incommensurables. Le Livre V des *Éléments* est au cœur de nombreuses discussions sur le développement des mathématiques depuis l'antiquité. Euclide y présente la théorie élaborée par Eudoxe de Cnide (-408 ; -355), qui montra comment calculer avec des grandeurs incommensurables, comme par exemple la racine carrée de 2. Par cette théorie, on peut effectuer, selon des règles précises, des opérations de type $a : b :: c : d$ si les différentes grandeurs géométriques a,b,c et d sont homogènes (c'est-à-dire de même dimension).
La trop grande complexité de cette théorie amena rapidement à chercher des approches alternatives, provenant par exemple de différents mathématiciens arabes. Il y eut aussi au Moyen Âge des débats fondamentaux en Europe

sur la fonction de la théorie des proportions. On remplaça ainsi, impliquant un principe de continuité, des passages entiers d'Euclide V par des textes propres qui signifiaient déjà une arithmétisation (Murdoch 1963, page 240 et suivantes et page 257 et suivantes).
La critique du livre V des *Éléments* et son incompréhension s'amplifièrent encore aux temps modernes en Europe. On voulut remplacer les concepts géométriques par des opérations arithmétiques, au point que John Wallis déclara finalement : "*the whole fifth book of Euclid's Elements is Arithmetic*" (citation d'après Murdoch 1963, p. 271). Par la suite, C. Clavius développa et défendit les notions initiales d'Euclide et d'Eudoxe dans son commentaire particulièrement approfondi du livre V (voir Rommevaux 2005).
Mais c'est dans une direction différente que cette thématique se développa. Ainsi, les remaniements d'un autre jésuite, André Tacquet (1612-1660), eurent un grand succès. Il procéda à des changements importants dans le livre V et remplaça certaines définitions centrales d'Euclide par ses propres définitions. Il ajouta aussi de nombreuses propositions propres et supprima beaucoup de théorèmes d'Euclide, qu'il jugeait superflus. Cette version, publiée en 1654, est devenu très populaire et a même connu d'autres remaniements, qui ont encore accru cette tendance à l'arithmétisation, en particulier les éditions anglaises de Tacquet par W. Whiston au 18e siècle. Les relations géométriques commencèrent à se transformer de plus en plus en de simples expressions arithmétiques, en fractions. Certes, il y eut aussi des tendances inverses, comme les éditions d'Euclide publiées par Robert Simson (1687-1768) et saluées internationalement - bien que, lui aussi, modifiât la théorie des proportions (voir J. Goldstein 2000).

Les mesures qui furent prises en Italie après 1861 sont alors surprenantes : contrairement à la tendance historique d'algébrisation, on y refusa tous les remaniements visant à une arithmétisation d'Euclide, on exigea un retour au texte original de la théorie des proportions, et l'on considéra la géométrie en général comme une science à part entière qui devait être érigée et enseignée sans aucun recours à l'arithmétique.

Le programme qui fut mis en place lors de l'Unité Italienne en 1867 apporta des changements radicaux : le manuel de Legendre fut déclaré inadapté à cause de son manque de rigueur tandis que les *Éléments* d'Euclide (traduction de Viviani de 1690) furent mis au programme, avec pour justification leur rigueur exemplaire. Certes, cette décision si tardive en faveur d'Euclide a souvent attiré l'attention en Italie et à l'étranger. Cependant les auteurs, peu nombreux, qui en proposèrent une explication historique, étaient des Italiens qui partageaient dans l'ensemble les convictions épistémologiques d'origine. C'est pourquoi il n'existe pas encore d'étude approfondie de ce phénomène ; je me suis décidé à le faire à l'aide d'une approche comparative.

La première raison majeure pour le choix d'Euclide était clairement d'ordre politique : le système éducatif était imprégné de nationalisme, facteur fondateur de l'unification italienne. L. Cremona, un des deux mathématiciens qui avaient élaboré le programme scolaire de 1867, déclara déjà en 1860 que, pour se libérer du « joug étranger », il fallait aussi prendre ses distances par rapport aux « manuels extrêmement nocifs de Moznik etc. (...) Nous n'avons pas de bons livres élémentaires qui soient originairement italiens et dont le niveau atteigne les progrès actuels de la science » (Cremona 1914, p. 207).

Moznik était l'auteur du manuel de mathématiques le plus utilisé en Autriche ; il symbolisait donc la domination autrichienne en Italie septentrionale et aussi son influence sur le reste de l'Italie.

Comme deuxième raison majeure en faveur d'Euclide, on peut citer le souhait d'accorder de façon optimale

l'enseignement des mathématiques aux valeurs culturelles en vigueur dans les lycées italiens. Ces valeurs étaient focalisées sur les langues classiques et sur les études littéraires. Ainsi il est écrit dans le programme de 1867 que l'objectif éducatif n'est pas l'utilité et l'applicabilité de connaissances mathématiques, mais que les sciences mathématiques ont pour fonction de servir à la « gymnastique intellectuelle qui développe les capacités de l'esprit » (voir Scarpis, p. 26). E. Betti et F. Brioschi, les auteurs de l'édition d'Euclide de 1867, soulignèrent dans leur préface la fonction commune de « gymnastique de l'intellect » des langues classiques et des mathématiques. Afin de légitimer cette fonction, il fallait combattre les « usages nocifs » de l'enseignement des mathématiques à des fins pratiques ou professionnelles. Il fallait plutôt que les mathématiques soient « coordonnées avec le système des études classiques et destinées à faire partie intégrante de cet enseignement » (Betti, Brioschi 1867, pp. iv et suivantes). Manifestement, la proéminence du modèle classique était beaucoup plus marquée en Italie que dans n'importe quel autre pays européen.
La recherche de pureté nous fournit la troisième raison pour laquelle la conception que Legendre avait de la géométrie fut radicalement refusée. Dans leur préface, la critique de Betti et Brioschi vise clairement Legendre : la géométrie d'Euclide est présentée comme une science à part entière, qui se suffit à elle-même et qui n'a besoin pour aucune de ses démonstrations du soutien de la science des nombres (pp. vi-vii). En effet, la problématique épistémologique d'origine résidait dans la relation entre la géométrie et l'arithmétique, respectivement l'algèbre. Legendre fut « accusé » d'avoir mélangé ces deux domaines différents avec la géométrie, et c'est pourquoi son livre fut jugé inutilisable pour un enseignement rigoureux.
Dans toutes les réflexions d'alors sur l'enseignement des mathématiques en Italie, l'éloge du caractère formateur des

mathématiques grecques était lié à la polémique contre le « mélange » de la géométrie avec l'arithmétique ou avec l'algèbre. D'une part, les conseils pour les professeurs, notés dans le programme de 1867, affirmaient que la méthode euclidienne était la meilleure pour développer une pensée rigoureuse chez les élèves. Et d'autre part, on leur déconseillait d'« entacher la pureté de la géométrie antique par la transformation de théorèmes géométriques en des formules algébriques » (d'après Vita 1986, p. 7). Une des conséquences étonnantes de cette conception des mathématiques fut que la géométrie était ainsi conçue dans son sens originel grec, science des proportions : aucune modernisation due à l'introduction de nombres n'était admise et l'arithmétique devait rester strictement séparée de la géométrie. Le programme obligeait les enseignants à éviter de « remplacer les grandeurs concrètes (longueurs, angles, surfaces, volumes) par leurs mesures ». En revanche, ils devaient « toujours argumenter avec les grandeurs, même quand on ne considère que les raisons » (*ibid.*).

En fait, Legendre avait une toute autre vision de la rigueur quand il conçut son manuel : une rigueur basée sur le soutien mutuel de l'algèbre et de la géométrie. Il avait comme but d'unifier les mathématiques et dans ce sens, il affirma dans son *Livre III*, en traitant des proportions au sein de figures, qu'il utilisait pour certaines de ses démonstrations des méthodes algébriques et qu'il conseillait donc "de consulter les livres d'algèbre et d'entremêler ainsi l'étude des deux sciences [algèbre et géométrie]" (Legendre 1823, p. 62). Dans sa traduction, Crelle défendit cette vision épistémologique dans des annotations supplémentaires : il remarqua que l'étendue du savoir purement géométrique, qui pouvait être présenté sans le recours à l'arithmétique et à l'algèbre, était relativement restreint, et effectivement contenu dans les deux premiers *Livres* de Legendre. Crelle soutint que l'« art de calculer » ne peut être évité en

géométrie - et est même nécessaire - dès que l'on mesure et compare des figures. L'utilisation de l'arithmétique et de l'algèbre ne serait pas nocive pour la rigueur en géométrie ; tout au contraire, sa rigueur n'en serait qu'augmentée, puisque ces autres domaines sont plus abstraits. Crelle en conclut que cette utilisation ne devait pas être minimisée, mais maximisée (Crelle 1833, p. 65).
Cremona, enseignant en lycée avant sa nomination en 1860 à l'université de Bologne, et spécialiste en géométrie, fut un partisan du fondamentalisme géométrique. Dans une lettre commune avec Brioschi, écrite en 1869 au *Giornale di Matematiche*, il répond aux critiques du programme de 1867 en affirmant : bien qu'il faille avouer que les *Éléments* d'Euclide montrent quelques faiblesses, il ne faut les modifier qu'en respectant l'état d'esprit originel, et «à condition que l'on fasse de la vraie géométrie et d'aucune façon de l'arithmétique » (Brioschi, Cremona 1869, p. 54).

Les "coupures" de Legendre par Blanchet

Jusque là, nous avons pu reconstituer et analyser les critiques contre le manuel de Legendre en Italie. Mais une question importante s'impose quant à l'accueil de l'œuvre de Legendre, qui n'a encore jamais été posée par les historiens. De quel Legendre s'agissait-il dans les critiques ? Autrement dit, laquelle des nombreuses éditions italiennes était visée ? En effet, les éditions italiennes parues après 1850 n'étaient plus des traductions d'éditions originales de Legendre, mais d'éditions de Blanchet. Comme l'indique déjà leur titre, elles sont pourvues d' « additions et modifications ». Les historiens n'ont jamais vraiment examiné de quelles « additions » il s'agit et quelle est l'ampleur des « modifications ». Or, l'on s'aperçoit après examen qu'il s'agit en réalité de modifications importantes, et cela dès la première page.

Legendre introduit son œuvre avec l'affirmation générique :

> *La Géométrie est une science qui a pour objet la mesure de l'étendue.*

Il présente ensuite les trois dimensions : longueur, largeur et hauteur, pour caractériser ainsi les trois objets géométriques de base, la ligne (longueur sans largeur), la surface (longueur et largeur sans hauteur), le corps (porteur des trois dimensions). Chez Blanchet en revanche, il manque une telle affirmation introductive sur la géométrie ; les concepts de base sont introduits à l'aide de limites, idée totalement étrangère à Legendre (Blanchet 1886, p. 1). Tout au long du texte, Blanchet évite d'énoncer des affirmations générales. Une autre différence particulièrement évidente, en rapport avec les critiques italiennes : Blanchet estompe la différence entre grandeurs commensurables et incommensurables. Legendre avait séparé en deux parties la démonstration du théorème sur le rapport des angles au centre par rapport aux arcs de cercles correspondants : pour les arcs commensurables (II. 16) et pour les arcs incommensurables (II. 17). Blanchet a, quant à lui, réuni les deux assertions en un seul théorème (II.18) et « bâclé » le cas incommensurable avec un argument vague d'approximations de fractions (Blanchet 1886, p. 45).
De plus, la préface des premières éditions de Blanchet montre qu'il ne se considérait pas comme un simple directeur de publication qui ajouterait des remarques complémentaires, mais qu'il s'arrogeait le droit d'apporter des modifications et reprochait à Legendre des « imperfections et quelques lacunes ». Il dit lui-même que sa modification la plus significative concerne la preuve de Legendre de réduction *ad absurdum* de la mesure du cercle et des corps ronds, qu'il remplaça par des démonstrations à

l'aide de limites, bien que cette méthode fasse appel aux mathématiques supérieures (Blanchet 1845, II).[28]
Ainsi, la question reste ouverte : quel texte Cremona et les mathématiciens italiens qui l'ont suivi ont-ils critiqué : l'original ou la version falsifiée par Blanchet ?[29] Il semblerait qu'ils n'aient pas eu conscience des différences entre ces textes.

Accueil fait à Legendre dans les pays anglo-saxons

Vu l'état actuel de l'accès aux sources, on ne peut comprendre pourquoi parurent tellement de traductions simultanément à Naples. On ne peut pas non plus expliquer en quoi elles se différencient entre elles et comment elles se situent par rapport aux éditions françaises. De plus, nous ne savons pas comment un tel nombre de tirages de Legendre était possible dans le nouveau royaume d'Italie de cette époque, alors que les *Éléments* d'Euclide étaient le manuel officiel. On peut supposer, comme cela a été prouvé dans d'autres pays, que la réalité scolaire ne coïncide pas toujours avec les directives centrales.
Cela confirme une fois de plus une conjecture de la théorie des transferts : quand un concept est transféré d'une culture à une autre, le récepteur procède à des modifications.

---

[28] Dans sa première édition, Blanchet prouva sa remarquable honnêteté en joignant l'original à sa version remaniée. C'est pourquoi l'œuvre s'intitulait : “Éléments de Géométrie, par A.M. Legendre, nouvelle édition, avec additions et [...], suivie de la quatorzième édition, donnée par A.M. Legendre”. L'œuvre atteignit ainsi un nombre de pages de 285+271. La deuxième édition fut pareillement double. Ce n'est qu'à la troisième édition de 1854 que l'original fut supprimé et qu'on ne garda que la version de Blanchet, qui fut plus tard modifiée à son tour.
[29] On ne connaît pas non plus exactement les modifications contenues dans les traductions „originales“, c'est-à-dire dans celles qui sont basées sur les douze premières éditions. Seule, la première traduction de 1802 assure se rapporter consciencieusement à l'original.

Cette vérité est vérifiée aussi par l'accueil que reçut Legendre en Angleterre et aux États-Unis. Les traductions anglaises introduisirent relativement peu de modifications. Ces traductions sont attribuées à Brewster d'après leur titre, mais en réalité, il ne fut que le directeur de publication de l'édition parue en 1822 à Edinburgh ; le traducteur était Thomas Carlyle (1795-1881).[30] Cette édition anglaise est, elle aussi, une adaptation : Carlyle introduisit dans sa traduction un chapitre rédigé par lui, une petite introduction à la théorie des proportions. Cet ajout fut presque provoqué par Legendre, qui déclarait dans son texte qu'il présupposait les connaissances se trouvant dans les manuels usuels (Legendre 1823, p. 61). Bien entendu, Legendre avait sous-entendu des manuels modernes d'arithmétique et de géométrie et non pas des présentations traditionnelles de cette théorie.

L'édition de Farrar de 1819 aux États-Unis n'obtint pas un succès durable malgré ses neuf tirages. Par contre, l'édition de Davies devint presque un best-seller et fut imprimée sans arrêt depuis 1828. Après la mort de Davies, elle fut retravaillée et republiée. On peut se demander pourquoi, comme en Italie et en Grèce, Davies a publié Legendre, alors que l'édition de Farrar existait déjà. Mis à part le fait que la critique de Davies envers Legendre était en fait une critique envers Farrar (voir ci-dessous), une des raisons est que l'édition de Farrar était incomplète, car il avait omis quelques passages jugés trop compliqués pour ses étudiants de Harvard. Mais l'une des raisons principales est certainement que Davies se positionna comme auteur à succès de manuels mathématiques aux États-Unis (voir Gert Schubring, *A Station...* 2000, pp. 14 et suivantes), position analogue à celle de Lacroix en France, et qu'il ne voulait

[30] Sur le rapport entre Carlyle et Brewster au sujet de la traduction, voir Craik 2000.

donc pas laisser de lacunes dans son manuel. Dès le titre de cette adaptation classique, l'attention du lecteur est attirée sur les modifications :

> *Elements of Geometry and Trigonometry, translated from the French of A. M. Legendre, by David Brewster,* ***revised and adapted to the course of mathematical instruction in the United States****, by Charles Davies* (Davies 1839; mise en relief de l'auteur).

Le titre montre qu'il s'agit non seulement d'une adaptation pour le public américain, mais que ce n'est pas une traduction directe, mais une réadaptation de la traduction anglaise, qui constitue le texte de base. Comme la traduction anglaise s'appuyait sur la onzième édition de Legendre, les réflexions de ce dernier sur la théorie des parallèles de sa douzième édition n'ont jamais atteint les éditions américaines !
Cependant Davies a opéré d'autres modifications de l'édition de Brewster et Carlyle. Premièrement, il a remplacé le chapitre sur les proportions par un autre texte de *l'Encyclopedia Metropolitana* de Charles Hutton. Ensuite, il a, comme le fera plus tard Blanchet, utilisé une autre démonstration pour la mesure du cercle, empruntée à la *Edinburgh Encyclopedia.* Enfin, il a pratiquement ajouté une reprise du livre comme version résumée de la mesure des surfaces et des corps. Il a même ajouté des tables de logarithmes. Mais le plus frappant est qu'il affirma avoir utilisé une méthode fondamentalement différente de celle de Legendre. Il revendiqua avoir réalisé - pour l'enseignement aux États-Unis ! - une oeuvre plus générale, en supprimant les figures auxiliaires insérées dans la preuve des théorèmes :

> "*In the original work [..] the propositions are not enunciated in general terms, but with reference to, and by the aid of, the particular diagrams used for the demonstrations. It is believed that this departure from the*

method of Euclid has been generally regretted. The propositions of Geometry are general truths, and without reference to particular figures. The method of enunciating them by the aid of particular diagrams seems to have been adopted to avoid the difficulty which beginners experience in comprehending abstract propositions. But in avoiding this difficulty, and thus lessening, at first, the intellectual labour, the faculty of abstraction, which it is one of the primary objects of the study of Geometry to strengthen, remains, to a certain extent, unimproved" (Davies 1839, iii).

Il est naturellement étonnant de constater qu'aux États-Unis, où l'enseignement des mathématiques en était à ses débuts, on exigea pour celui-ci une plus grande généralité et abstraction que dans d'autres pays. Bien qu'il ne soit pas clair si, et dans quelle mesure, le texte original d'Euclide contenait des dessins, toutes les éditions depuis le Moyen Âge sont pourvues de ces célèbres figures (voir Saito 2007). Davies lui-même a repris celles de Legendre dans ses éditions. De plus, sa critique est infondée : le texte de Legendre s'appuie seulement sur les figures pour une meilleure visualisation de la situation, mais ses démonstrations ne les utilisent pas. D'autant moins que, dans les éditions originales, les figures n'étaient pas insérées à l'intérieur du texte mais imprimées à la fin de l'œuvre, sur des tableaux séparés. La critique de Davies peut cependant sembler légitime à qui lit de façon superficielle l'œuvre concurrente de Farrar : grâce à une autre technique d'impression, les figures étaient intégrées au texte, en face des affirmations correspondantes ; de plus, de façon qui prête à équivoque, il faisait référence directement à ces figures, mais, bien entendu, sans vouloir assimiler le particulier au général. Ce qu'est une « figure générale », a d'ailleurs souvent été le sujet de discussions philosophiques ou didactiques. Davies n'a pas non plus fourni de solution à cela.

À la fin du 19e siècle, après d'autres remaniements apportés par le nouveau directeur de la publication, professeur au *Teachers College* de New York, le texte de Legendre-Carlyle-Brewster-Davies comptait plus de 500 pages. Il n'avait presque plus de points communs avec l'original de 1794.

Les nombreuses modifications et transformations françaises et étrangères du manuel de géométrie classique de Legendre soulignent la forte influence qu'exercent les valeurs culturelles et les conceptions épistémologiques sur l'accueil offert aux œuvres étrangères, et cela est également valable dans le domaine de l'enseignement des mathématiques, que l'on croit habituellement neutre.

Bibliographie

Marie Alphonse Blanchet, *Éléments de Géométrie*, par A. M. Legendre, nouvelle édition, avec additions et modifications, suivie de la quatorzième édition, donnée par A.M. Legendre (Paris: Didot, 1845).

Marie Alphonse Blanchet, *Éléments de Géométrie*, par A. M. Legendre, avec additions et modifications. Ouvrage adopté par l'Université. Vingt-neuvième édition (Paris: Firmin-Didot, 1886).

E. Betti e F. Brioschi, *Gli Elementi d'Euclide com note aggiunte ed esercizi ad uso de' Ginnasi e de 'Licei*, Monnier, Firenze (Libri I-III 1867, IV-VI 1868, XI-XII e Appendice 1868).

David Brewster, ed., *Elements of geometry and trigonometry*. Translated from the French of A. M. Legendre; with notes and additions and an introductory chapter on proportion (Edinburgh: Oliver and Boyd, 1822).

F. Brioschi, L. Cremona, (1869), "Lettera al signor Direttore", *Giornale di Matematiche,* 7, 51-54.

Florian Cajori, *The teaching and history of mathematics in the United States* (Washington: Government Print. Office, 1890).

Alex D. D. Craik, "Geometry vs. Analysis in Early 19th-Century Scotland: John Leslie, William Wallace, and Thomas Carlyle", *Historia Mathematica*, 2000, *27*: 133-163.

August Leopold Crelle, "Vorrede", Adrien Marie Legendre. *Die Elemente der Geometrie und der ebenen und sphärischen Trigonometrie. Aus dem Französischen übersetzt und mit Anmerkungen begleitet*, A. L. Crelle (Herausgeber), Berlin, iii-iv, e: segunda edição (Berlin: Rücker, 1833), iii-vi.

L. Cremona, "Considerazioni di Storia della Geometria in occasione di un libro di geometria elementare pubblicato a Firenze", id., *Opere Matematiche*, vol. I (Milano: Hoepli, 1914), 176-207.

Charles Davies, *Elements of Geometry and Trigonometry*, translated from the French of A. M. Legendre, by David Brewster, revised and adapted to the course of mathematical instruction in the United States (New York: Barnes, Wiley & Putnam, 1839).

J. B. J. Delambre, *Rapport Historique sur les Progrès des Sciences Mathématiques depuis 1789, et sur leur état actuel* (Paris : Imprimerie Impériale, 1810).

Joel A. Goldstein, "A Matter of Great Magnitude: The Conflict over Arithmetization in 16th-, 17th-, and 18th-Century English Editions of Euclid's *Elements* Books I trough VI (1561-1795), *Historia Mathematica*, 2000, *27*: 36-53.

Keith Hoskin, "Textbooks and the mathematisation of American reality: the role of Charles Davies and the US Military Academy at West Point", *Paradigm*, 1994, [I] no. 13.

Adrien Marie Legendre, *Éléments de Géométrie* (Paris: Firmin Didot, an II = 1794)

Adrien Marie Legendre, *Éléments de Géométrie, avec des notes*, Douzième édition (Paris: F. Didot, 1823).

Elementi di Geometria di Adriano M. Le Gendre, per la prima volta tradotti in Italiano (Pisa: Tipografia della Società Letteraria, 1802).

Elementos de Geometria, por A. M. Le Gendre; Traduzidos do Francez por Manoel Ferreira de Araujo Guimarães (Rio de Janeiro: Impressão Regia, 1809).

Adrien Marie Legendre, *Elements of Geometry*. Translated by John Farrar. For the Use of the Students of the University at

Cambridge, New England (Cambridge, MA: Hilliard & Metcalf, 1819).

John E. Murdoch, "The Medieval Language of Proportions: Elements of the Interaction with Greek Foundations and the Development of New Mathematical Techniques", ed. A. C. Crombie, *Scientific Change* (New York: Basic Books, 1963), 237-271 und 334-343.

Sabine Rommevaux, *Clavius, une clé pour Euclide au XVIe siècle.* (Paris: Vrin, 2005).

Ken Saito, „Les figures des Éléments dans les manuscrits et les éditions imprimées", *Colloque « Traditions euclidiennes »* Clermont-Ferrand, 25-27 avril 2007 (forthcoming).

U. Scarpis, *L'insegnamento della matematica nelle scuole classiche. I. I successivi programmi dal 1867 al 1910,* Commisssione Internazionale dell'Insegnamento Matemático, Atti della Sottocommissione Italiana (Roma, 1911)

Gert Schubring, "Die Mathematik an der Ecole Normale des Jahres III - Wissenschaft und Methode", *Wissen und Bewußtsein. Studien zur Wissenschaftsdidaktik der Disziplinen*, Hrsg. F. Schmithals. (Hamburg: Arbeitsgemeinschaft für Hochschuldidaktik, 1982), 103-133.

Gert Schubring, "On the methodology of analysing historical textbooks: Lacroix as textbook author", *for the learning of mathematics*, 1987, *7*, 41-51. ("Errata", ibid., 1988, *8*, 51).

Gert Schubring, Introduction: "Un savant des lumières - Un livre élémentaire pour la République", *CONDORCET - Moyens d'apprendre à compter sûrement et avec facilité. Appareil critique - études, notes, commentaires, bibliographie.* (Paris: ACL-éditions 1988). 157-175.

Gert Schubring, "La réforme du savoir savant: la contribution de Condorcet au premier concours des 'livres élémentaires'", *Condorcet, Mathématicien, économiste, philosophe, homme politique*, éds. Pierre Crépel, Christian Gilain (Paris: Minerve 1989), 44-51.

Gert Schubring, "Euklid versus Legendre in Italien", *Mathematik erfahren und lehren. Festschrift für Hans-*

Joachim Vollrath, Hrsg. Günter Pickert, Ingo Weidig (Stuttgart: Klett 1994), 188-194.

Gert Schubring, "Changing cultural and epistemological views on mathematics and different institutional contexts in 19th century Europe", *L'Europe mathématique - Mythes, histoires, identités. Mathematical Europe - Myths, History, Identity*, eds. Catherine Goldstein, Jeremy Gray, Jim Ritter (Paris: Éditions de la Maison des Sciences de l'Homme, 1996), 361-388.

Gert Schubring, *Análise Histórica de Livros de Matemática. Notas de Aula* (Campinas: Editora Autores Associados, 2003).

Gert Schubring, *A Station favorable to the pursuits of science: primary matrials in the history of mathematics at the United States Military Academy*, (eds. 2000).

Vincenzo Vita, *I programmi di matematica per le scuole secondarie dall'unità d'Italia al 1986. Rilettura storico-critica* (Bologna, 1986).

« Mathématiques à la sauce nazie »

**Article de la revue *Revivre,* 5 mai 1945,
présenté et commenté par Olivier Salon,
membre de l'Oulipo**

1er Numéro
5 MAI
1945
PRIX : 0 mark 20

REVIVRE!

JOURNAL DES FRANÇAIS SÉJOURNANT A SEESEN LIBÉRÉS DU JOUG NAZI

REVIVRE ! 5

Mathématiques à la sauce nazie

La bande de gangsters qui créa le nazisme s'est trouvée au début de cette sinistre entreprise devant deux problèmes principaux. D'abord, le financement de l'affaire qu'un groupe de magnats internationaux s'empressa d'assurer. C'était le plus [illegible] second problème était celui de l'adhésion du peuple allemand. On racola donc tout ce qu'on put trouver comme bandits et on leur donna pour mission de propager la nouvelle religion à la manière nazie. Aucune autre méthode ne pouvait mieux convenir à des gens ayant atteint l'âge de raison. Pour la jeunesse enfin, on décida de l'éduquer.

L'école nazie est une institution suffisamment différente de l'école française pour qu'il vaille la peine d'en parler. La plupart du temps le jeune Fridolin s'ébat sur le terrain de sport, devient rapidement un excellent athlète apte à se faire casser la gueule sur le premier champ de bataille venu. Le programme s'est réalisé en tous points. Il est à souhaiter qu'en France une plus large place soit faite dans l'avenir à l'éducation physique, mais ce ne sera jamais dans cet esprit germanique heureusement. Nous, nous ferons du sport pour le sport. Ici le sport mais à la préparation militaire le passe sur les autres parties

temps de notre jeune Fridolin, maniement d'armes dans la cour de l'école, choeurs militaires, fanfares militaires, défilés et enfin cette préparation directe à la vie de militant, je veux dire cette caricature du scoutisme à la prussienne, cette organisation des jeunesses avec sa hiérarchie compliquée. On apprenait là à se promener en se donnant des airs de matamore. «

propose un exercice consistant à établir un tableau des sommes extorquées par le "Secours d'Hiver" de 1933 à 1940. Savourez en le texte. En 1933 fut fondé le secours d'hiver, la plus grande oeuvre sociale de tous les temps. Tu constateras les progrès du secours d'hiver d'année en année sur le tableau XIII de l'appendice etc.

Plus loin, c'est un graphique à établir concernant la production de la soie et de la laine artificielles, et l'on ne manque pas de signaler au passage que l'esprit d'invention allemand a créé là des matières textiles d'une haute importance pour la question de l'habillement en allemagne.

Toute une page est prise par un superbe tableau de l'organisation de la jeunesse hitlérienne, et pour justifier cette insertion qui vient réellement dans un livre de mathématiques comme un cheveu sur la soupe, on pose à la suite les questions du genre de celle-ci: La distance entre 2 jeunes dans une colonne en marche est de 90 cm. Quelle est la longueur d'une colonne comprenant etc.

Dans un problème sur la récolte de 1939 en allemagne, on note entre parenthèses (y compris l'Autriche et les Sudètes)

Voici maintenant un tableau prouvant d'une façon péremptoire que l'Allemagne a triomphé aux Jeux olympiques de 1936, dépassant les Etats-Unis (Allemagne 196 points — Etats-Unis 130 points — Suède 50 points — Finlande 49 points etc. .)

Tout n'est pas rose dans le III ème Reich, le canon remplace le beurre et il faut intensifier la pêche à la baleine, métier d'enfer dit un air connu. Voici donc l'occasion de poser au petit Chleuh quelques petits problèmes de derrière les fagots, calculer la moyenne de l'huile de baleine récoltée par un baleinier au cours de 3 saisons de pêche, etc. . avec commentaires bien entendu.

Nous touchons maintenant au grand dada nazi. Notez bien qu'il s'agit toujours du bouquin de problèmes du pauvre mioche nazi! "Un des devoirs principaux de l'Etat est de soigner et de maintenir la race. La race est dans le sang! N'est allemand que celui qui est de sang allemand et non pas simplement qui habite en Allemagne. De la propreté et de la santé du sang dépend notre avenir. C'est donc un devoir sacré à l'école d'éveiller chez les jeunes le sens de la valeur de la Race etc." Il faut ensuite dresser des tableaux généalogiques, d'abord en carré, comme les têtes du pays, puis en demi-cercle. Tout le monde se trouve matriculé dans ce tableau, ainsi la grand'mère maternelle a le numéro 7. Malheur à celui qui aura un juif dans ses ancêtres! Qu'il numérote ses abatis!

« La bande de gangsters qui créa le nazisme s'est trouvée dès le début de cette sinistre entreprise devant deux problèmes principaux. D'abord, le financement de l'affaire, qu'un groupe de mécènes internationaux s'empressa d'assurer. C'était le plus facile. Le second problème était celui de l'adhésion du peuple allemand. On racola donc tout ce qu'on put trouver comme bandits et on leur donna pour mission de propager la nouvelle religion à la manière nazie. Aucune autre méthode ne pouvait mieux convenir à des gens ayant atteint l'âge de raison. Pour la jeunesse, enfin, on décida de l'éduquer.

L'école nazie est une institution suffisamment différente de l'école française pour qu'il vaille la peine d'en parler. La plupart du temps le jeune Fridolin s'ébat sur le terrain de sport, devient rapidement un excellent athlète apte à se faire casser la gueule sur le premier champ de bataille venu. Le programme s'est réalisé en tous points. Il est à souhaiter qu'en France une plus large place soit faite dans l'avenir à l'éducation physique, mais ce ne sera jamais dans cet esprit germanique, heureusement. Nous, nous ferons du sport pour le sport. Ici, le sport visait à la préparation militaire. Je passe sur les autres passe-temps de notre jeune Fridolin, maniement d'armes dans la cour de l'école, chœurs militaires, fanfares militaires, défilés et enfin cette préparation directe à la vie de militant, je veux dire cette caricature de scoutisme, à la prussienne, cette organisation des jeunesses avec sa hiérarchie compliquée. On apprenait là à se promener en se donnant des airs de matamore, à écouter aux portes et à vendre n'importe qui, à commencer par ses amis ou ses propres parents. Plus tard, on aurait l'honneur de prendre part avec les aînés aux grandes expéditions punitives à cent contre un, aux pillages, aux incendies, aux meurtres. En somme, on apprenait son métier d'homme. Toutes ces petites choses prenaient beaucoup de temps et il en restait très peu pour s'installer sur les bancs de l'école du IIIe Reich. On n'avait pas le temps d'y user le fond de ses ersatz de culotte.

Le pion nazi enseignait l'histoire, la géographie, l'orthographe, le calcul, et tout et tout mais avec cette restriction qu'aucun de ces enseignements ne devait distraire son disciple de l'unique chose qui importât à savoir, la doctrine nazie. Il n'est pas sorcier de faire un livre d'histoire à thèse nazie, un livre de géographie à thèse nazie, ou un livre de lecture : la glorification du bellicisme allemand, l'exposé des revendications coloniales allemandes… y ont leurs places marquées d'avance. C'est déjà beaucoup plus difficile d'accommoder un livre de mathématiques à la sauce nazie. Ils y sont arrivés ! En voulez-vous la preuve. Voici un petit bouquin cartonné, édité dans une ex-ville allemande, Brunswick, et qui est intitulé « Mathematisches Arbeits-und Lehrbuch ».

L'énumération des exemples qui va suivre est décousue et bien incomplète. Il y aurait un ouvrage entier à écrire là-dessus et beaucoup plus de temps à passer que je n'en dispose. Je pique donc au hasard.

Sous le titre « Esprit de sacrifice du peuple allemand », on propose un exercice consistant à établir un tableau des sommes escroquées par le « Secours d'Hiver » de 1933 à 1940. Savourez-en le texte : « En 1933, fut fondé le Secours d'Hiver, la plus grande œuvre sociale de tous les temps. Tu constateras les progrès du Secours d'Hiver d'année en année sur le tableau XIII de l'appendice... etc. »

Plus loin, c'est un graphique à établir concernant la production de la soie et de la laine artificielle, et l'on ne manque pas de signaler au passage que l'esprit d'invention allemand a créé là des matières textiles d'une haute importance pour la question de l'habillement en Allemagne.

Toute une page est prise par un superbe tableau de l'organisation de la jeunesse hitlérienne, et pour justifier cette insertion qui vient réellement dans un livre de mathématiques comme un cheveu sur la soupe, on pose à la

suite les questions du genre de celle-ci : la distance entre deux jeunes dans une colonne en marche est de 90cm. Quelle est la longueur d'une colonne comprenant etc...
Dans un problème sur la récolte de 1939 en Allemagne, on note entre parenthèses (y compris l'Autriche et les Sudètes).
Voici maintenant un tableau prouvant d'une façon péremptoire que l'Allemagne a triomphé aux Jeux Olympiques de 1936, dépassant les États-Unis (Allemagne 196 points- États-Unis 130 points- Suède 50 points- Finlande 49 points etc...)
Tout n'est pas rose dans le IIIe Reich, le canon remplace le beurre et il faut intensifier la pêche à la baleine, métier d'enfer dit un air connu. Voici donc l'occasion de poser au petit Chleuh quelques petits problèmes de derrière les fagots: calculer la moyenne de l'huile de baleine récoltée par un baleinier au cours de trois saisons de pêche, etc..., avec commentaires bien-entendu.
Nous touchons maintenant au grand dada nazi. Notez bien qu'il s'agit toujours du bouquin de problèmes du pauvre mioche nazi! « Un des devoirs principaux de l'Etat est de soigner et de maintenir la race. La race est dans le sang! N'est allemand que celui qui est de sang allemand et non pas simplement qui habite en Allemagne. De la propreté et de la santé du sang dépend notre avenir. C'est donc un devoir sacré à l'école d'éveiller chez les jeunes le sens de la valeur de la Race, etc... » Il faut ensuite dresser des tableaux généalogiques d'abord en carré, comme les têtes du pays, puis en demi-cercle. Tout le monde se trouve matriculé dans ce tableau. Ainsi la grand-mère maternelle a le numéro 7. Malheur à celui qui aura un juif dans ses ancêtres! Qu'il numérote ses abatis!
Un problème charmant : « Un petit avion de combat a une vitesse de vol de 450 km à l'heure, une durée de vol de 3 heures. Indique d'après une carte de ton Atlas les villes qui peuvent être bombardées partant de Metz, de Prague et de

Posen ». Puis la même question pour un bombardier plus gros 350 km/heure et 6 heures de vol.
Autre dada nazi, le Diktat de Versailles. Le jeune Fritzou doit calculer le total des km carrés cédés aux différentes puissances alliées. La prochaine édition du manuel pourra proposer un autre problème du même genre! Puis c'est le tour des colonies « Exercice 17. Toutes les colonies allemandes ont été volées (sic) par la S.D.N. et remises comme territoire sous mandat aux Etats vainqueurs Grande-Bretagne, France, Belgique et Japon »; suivent un tableau, des exercices : des comparaisons entre l'étendue des grandes puissances et celle de leurs colonies respectives. Tout de suite après, des tableaux encore sur l'accroissement de la population en Allemagne et la dépopulation partout ailleurs et la conclusion nettement exprimée. « L'Allemagne manque d'espace vital. » Il ne manque en fin de compte qu'un tableau, c'est le tableau comparatif des gens massacrés dans les camps de concentration dans les différentes puissances mondiales.
Nous n'en avons pas fini avec les tableaux : voici celui indiquant l'importance des flottes commerciales des différentes puissances de 1914 à 1937 et ce laïus : « Tous les bateaux allemands qui se trouvaient dans les ports ennemis à la déclaration de guerre ont été saisis. La plus grande partie des autres bateaux a dû être livrée après le traité de Versailles. » Ils en avaient vraiment gros sur la Kartoffeln, du Diktat!
Un problème attrayant au possible pour un gosse : «Au plébiscite en Haute-Silésie, le 20.03.1931, 707 554, c.-à-d. 59,64% ont voté pour l'Allemagne, au plébiscite en Saar, le 13.01.1935, 2124 seulement ont voté pour la France (0,39%). Combien y a-t-il eu de votants en tout ? ». Et combien y en aurait-il si c'était à refaire? Le plan de 4 ans, l'autarcie, ses raisons, ses buts, tout ça est expliqué commenté et complété par exercices.

Un mot seulement des résultats obtenus au point de vue de l'enseignement du calcul. Le commis d'un charcutier de Seesen où travaillait un prisonnier français en serait encore à ignorer, si ce prisonnier ne lui avait appris, que la livre est la moitié du kilo!
Dans tous les pays du monde, les éducateurs s'efforcent de rendre l'école moins triste, de placer l'enfant devant des problèmes de son âge, de ne pas oublier en un mot que l'enfant est un enfant. Et bien, avec le pion nazi, ils sont servis ! L'école nazie est une réunion électorale permanente. Elle a bien mérité du Nazisme, elle a préparé une jeunesse splendide dont les derniers restes défilent devant nos yeux dans les camions étoilés, une jeunesse aux muscles souples et puissants mais dont les cervelles étaient farcies de bobards nazis, une jeunesse que je ne peux m'empêcher de plaindre. À les voir passer je n'éprouve pas la joie de la vengeance assouvie. Ce ne sont pas ceux-là qu'il me plaira de voir derrière les barbelés, mais les nazis, les vrais, les coupables. Contre eux, je ne demande qu'une chose, la Justice. »

Papou

En avril 1944, François Le Lionnais, résistant communiste, est arrêté par la Gestapo. Il est interrogé, torturé, mais il ne parle pas. En août 1944, il est envoyé à Buchenwald, puis fin octobre au terrible camp voisin de Dora[31] où les Nazis font construire par les déportés leurs toutes nouvelles fusées V2 par le biais desquelles ils pensent encore s'assurer la victoire.

---

[31] A Buchenwald, le camp de Dora était surnommé *Le cimetière des Français.*

François Le Lionnais « tient » pendant cinq mois dans cet enfer. Enfer est bien le terme car l'usine est souterraine, s'enfonçant sur deux couloirs monumentaux de près de deux kilomètres de long (reliés par de nombreuses galeries transversales) sous la montagne, en plein Harz, près de Nordhausen. Il est ainsi impossible de repérer cette usine qui n'encourt plus aucun risque de bombardement.

Les Alliés approchent en avril 1945. Les Nazis, comme dans tous les camps, évacuent Dora avec les déportés qu'ils font marcher et mourir. Mais, à la faveur de la confusion due à un bombardement, François Le Lionnais et quelques compagnons d'infortune s'échappent de la colonne de la mort. Ils s'enfuient, marchent dans le Harz et parviennent à la mi-avril au bourg de Seesen. Ils sont trois maintenant, pesant chacun moins de 40 kg et chacun vêtu de son pyjama rayé de déporté.

Sachant l'Allemagne vaincue, ils vont directement rencontrer le maire (Bruno Rusche, un maire fantoche installé là, depuis le 9 avril 1945, après la fuite du maire nazi, August Ibenthal) et prennent possession de la ville.

Pendant les quelque trois semaines qui vont suivre, ils organisent la ville en fonction des déportés : récupération des déportés, transformation de l'école en hôpital de fortune et soins immédiats des déportés et des prisonniers qui, lorsqu'ils sont parvenus jusque là, sont dans des états physiques lamentables. Puis, liaison avec la France et rapatriement progressif des déportés vers leur pays d'origine.

François Le Lionnais est un intellectuel très brillant et un immense érudit.

Les livres et les journaux lui ont trop manqué depuis un an. À Seesen, en dépit du manque de papier, il parvient avec ses amis à faire publier dans l'imprimerie locale Beobachter un journal unique, au titre obligatoire de *REVIVRE !*[32] et destiné à la communauté des déportés français de Seesen.

Ce journal de huit pages comporte des témoignages sur l'horreur que tous ont vécue, lors de leur arrestation en France et surtout pendant la déportation, des articles plus lyriques dictés par la liberté tout juste retrouvée, des brèves sarcastiques et même une grille de mots croisés, signée de Papou.

Je suis persuadé que Papou est le surnom de François Le Lionnais, bien que je n'en aie pas la preuve formelle. De même, l'article en pages 1 et 2 « Le tunnel de la mort » relate assurément le témoignage de François Le Lionnais, bien que son nom n'apparaisse curieusement pas[33].

Venons-en page 5 à un étonnant article signé encore *Papou*. Le titre en est « Mathématiques à la sauce nazie ».
On le sait : l'Allemand né dans les années 1930 a une vie toute tracée et organisée. Il est pour cela placé dans les structures ad hoc, en particulier *Les Jeunesses hitlériennes*. Mais l'école doit également participer de sa formation de bon citoyen guerrier. L'histoire et la géographie seront revisitées naturellement « à la sauce nazie ». Mais les mathématiques ? Peut-on enseigner les mathématiques au niveau du primaire de façon « orientée » ?

---

[32] Un exemplaire original de *REVIVRE !* se trouve dans les archives de l'Oulipo à la Bibliothèque de l'Arsenal, 1 rue Sully, 75004 Paris, France. Nous remercions les archives de l'Oulipo pour leur autorisation de reproduction de l'article ci-dessus.

[33] On peut lire le détail du témoignage de François Le Lionnais dans un long entretien qu'il a accordé au Colonel Rémy et publié dans le chapitre *Le joueur d'échecs* de l'ouvrage *Autour de la plage Bonaparte* du Colonel Rémy, publié par la Librairie Académique Perrin, pp. 260-352.

Apparemment, François Le Lionnais a eu entre les mains un petit livre cartonné intitulé « *Mathematisches Arbeits-und Lehrbuch* », qui propose une liste d'exercices de calcul mathématique au jeune élève d'une dizaine d'années du IIIe Reich. Diable ! C'est qu'il s'agit de le préparer, ce jeune enfant ! de le mouler, de le former, de le formater dirait-on de nos jours. Piquant au hasard des pages, François Le Lionnais nous livre alors un certain nombre d'exercices : alors qu'à cette époque, l'école primaire française chantait les célèbres rencontres de trains ou fuites de robinet, de l'autre côté du Rhin, on avait trouvé le moyen de faire réfléchir la toute jeune relève à des problèmes utiles en temps de guerre : tout s'y trouve déjà en germe, la propreté physique et celle de la race, les pourcentages, la suprématie de l'Allemagne nazie constatée sous forme de tableaux. Les exercices qui précèdent sont un joyau d'imagination guerrière.

Wolfgang Döblin -Vincent Doblin[34] : une éducation de Berlin à Paris

Bernard Bru
Université de Paris 5

Wolfgang Döblin est ce jeune mathématicien qui s'est donné la mort en juin 1940 pour ne pas être pris par les troupes allemandes. Quelque temps auparavant il avait adressé à l'Académie des sciences un pli cacheté « Sur l'équation de Kolmogoroff » dont l'ouverture récente a été assez largement commentée dans les médias. Né Allemand à Berlin en 1915, il était soldat dans un régiment d'infanterie et combattait pour la France. Son père, le grand écrivain Alfred Döblin, juif antinazi de la première heure, a été contraint à l'exil et s'est établi à Paris avec sa famille, en 1933. C'est à Paris que le jeune Wolf, son diminutif familial, a fait ses études universitaires et est très rapidement devenu une étoile de première grandeur de la nouvelle théorie des probabilités. On considère généralement que son œuvre mathématique, accomplie en trois ans tout au plus et interrompue par la guerre, est l'une des plus remarquables de son temps. Il est naturellement impossible d'expliquer l'éclosion d'une telle œuvre, mais il peut être intéressant d'en rechercher les facteurs culturels liés à la double formation de Wolf, ses études secondaires au Lycée de Königstadt à Berlin jusqu'à son *Abitur* en 1933 et ses études universitaires parisiennes à la Sorbonne en 1933-1935. On sait que la France a coupé tout lien scientifique et culturel avec l'Allemagne en 1914 et a prolongé cette quarantaine longtemps après la guerre, de sorte qu'on peut considérer qu'en 1933, la science

---

[34] Après sa naturalisation en 1936, Wolfgang Döblin se fait appeler Vincent Doblin.

parisienne officielle, et son enseignement, sont aussi peu allemands que possible. Comment le jeune Wolf a-t-il vécu cette rupture culturelle ? Son choix de la théorie des probabilités en dépend-il et dans quelle mesure ? Voilà le genre de questions qu'il est naturel de se poser, même si les réponses rapides que nous y apportons ici, sont infiniment loin d'être satisfaisantes. Pour plus de détails sur l'affaire Döblin, nous recommandons au lecteur de se reporter au bel ouvrage de Marc Petit[35], qui donne des éléments de réponses aux mêmes questions et en aborde beaucoup d'autres, notamment cette impossible réconciliation entre le père et le fils, tous deux géniaux à leur façon, opposés à peu près sur tout, et qui, à force de s'opposer, se rejoignent, par-delà la mort, et réconcilient, en se réconciliant, les cultures, les vies qu'ils ont vécues séparément.

On dispose de peu d'éléments pour répondre vraiment aux questions que nous nous posons. Toutefois, aux Archives littéraires allemandes de Marbach, où se trouvent déposés les manuscrits d'Alfred Döblin et les quelques papiers personnels de son fils Wolfgang conservés pieusement par sa mère Erna, Marc Petit a mis au jour et traduit une sorte de bilan scolaire rédigé par le jeune Wolf, on ne sait dans quel but, qui retrace son parcours intellectuel au Königstätisches Reformrealgymnasium de Berlin de la rentrée 1924 à mars 1933[36].
On dispose également de ses appréciations de fin de scolarité et de ses carnets de lecture pour ses dernières

[35] Marc Petit, *L'équation de Kolmogoroff. Vie et mort de Wolfgang Döblin, un génie dans la tourmente.* Paris, Ramsay, 2003. Seconde édition revue, Paris, Gallimard (Folio 4240), 2005. Traduction allemande, *Die verlorene Gleichung. Auf der Suche nach Wolfgang und Alfred Döblin.* Frankfurt/M, Eichborn, 2005.
[35] Cf. réf. note précédente, chapitre XIV.

années berlinoises. Voilà qui permet d'avancer un peu. Avec un sérieux inimitable, Wolfgang nous dit qu'il était plutôt bon élève jusqu'en troisième, mais qu'à partir de la seconde, il s'est beaucoup dispersé, de sorte que ses notes s'en sont ressenties. Il s'est d'abord passionné pour la littérature qu'il a abandonnée très vite parce qu'elle lui prenait tout son temps. Ensuite, sous l'influence d'un de ses professeurs, il s'est mis à l'architecture, puis naturellement à la peinture et à l'histoire de l'art, qui a pris le pas bientôt sur la musique, la littérature et l'architecture. Parallèlement à ces thèmes, qu'il étudiait systématiquement, n'en doutons pas, il s'est mis à s'intéresser à la politique et de plus en plus, au point qu'en 1931, laissant de côté ses études artistiques, il a suivi les cours « lycéens » de l'Institut des sciences politiques de Berlin, d'où il a été exclu en 1932 pour « propagande partisane ». Il semble qu'il ait dénoncé l'incompétence d'un professeur de l'Institut qui s'appuyait sur des chiffres faux pour avancer des thèses contestables, ce qu'il avait vu immédiatement, étant un lecteur régulier de la revue *Économie et Statistique*. Ses critiques auraient également porté sur la sacro-sainte notion de peuple (allemand), qui amalgamait deux notions distinctes, celle de classe sociale et celle de communauté ethnique, masquant ainsi la lutte des classes, au point qu'un national-socialiste en uniforme serait intervenu, menaçant de le faire expulser sans ménagement par ses camarades justement indignés. Dans ses derniers carnets de lecture, on note, à côté des habituelles histoires de l'art, le Capital de Marx (qu'il dut lire très attentivement), des théoriciens socialistes et des ouvrages d'économie politique. Il annonce à la fin de son bilan scolaire, qu'il a « l'intention d'étudier les mathématiques et l'économie politique, de présenter un doctorat en sciences politiques et de se spécialiser en statistiques ».

On le voit, pas trace d'un quelconque intérêt pour les mathématiques, discipline scolaire obligatoire, où il obtient des notes satisfaisantes, parfois bonnes, mais sans plus. Ce n'est que dans le dessein de présenter un doctorat en « sciences politiques » qu'il entend se former en mathématiques et en statistique. Voilà, en tout cas, un point de vue authentiquement allemand. Pourrait-on imaginer un lycéen parisien de 1932 souhaitant étudier les mathématiques pour faire un doctorat de « sciences politiques » ? Certes, on parle en France de sciences économiques et une chaire de statistique a même été créée au début du siècle à la Faculté de Droit de Paris (la première chaire de statistique française), mais elle est occupée par Fernand Faure, un spécialiste de Droit romain, passionné de statistique, qui ne sait guère de mathématiques au-delà de l'équation du second degré. A l'initiative d'Émile Borel, l'Université de Paris a bien créé un institut de statistique en 1925, l'ISUP, mais il est chargé de former les statisticiens professionnels, les actuaires ou les administrateurs de la Statistique générale de la France. Il est vide d'étudiants économistes et de toute façon, l'on n'y parle pas de sciences politiques. En Allemagne, les choses sont différentes depuis longtemps. Dès le 18e siècle, les grandes universités allemandes se sont dotées de chaires de « Sciences de l'Etat », où l'on enseigne l'économie et la statistique appliquées à l'administration. Depuis le milieu du 19e siècle, les enseignements de statistiques se sont davantage mathématisés, à la suite des travaux des grands statisticiens européens du siècle, de Quetelet en particulier, le plus connu d'entre eux[37]. Il ne s'agit pas bien sûr de statistique

[37] Sur ces questions, on verra par exemple le bel article de Morgane Labbé, «Le *Séminaire de statistique* du Bureau prussien de statistique (1862-1900). Former des administrateurs à la statistique », *Jehps,* 2, 2 (2006) et sa bibliographie, notamment la thèse de Sybilla Nikolow, Dresden, 1994.

mathématique au sens actuel, c'est-à-dire de statistique fondée sur la théorie mathématique des probabilités. Les professeurs allemands prennent bien soin de se démarquer de tout probabilisme. On calcule des moyennes, des fréquences, des coefficients divers de liaisons entre les variables étudiées, bref on calcule sur des tableaux sans jamais imaginer de modèles probabilistes susceptibles de les engendrer, ou alors seulement lorsque c'est absolument nécessaire, comme en statistiques actuarielles, et avec des précautions oratoires considérables. On parlera de courbes de fréquence et non de courbes de probabilités, de moyennes et non d'espérances etc. Le jeune Döblin a dû remarquer dans la revue *Economie et statistique* qu'au fil du temps, les mathématiques devenaient plus présentes et sentir que c'était là une voie d'avenir. D'autres que lui, de son âge, formés en Allemagne ou aux USA (qui dépendaient encore étroitement du système universitaire germanique), faisant le même constat, ont fondé les sciences économiques et sociales, telles qu'on les connaît.

Arrêtons-nous un instant, pour les besoins de l'exposition, sur ce refus affiché par les statisticiens allemands, de tout « calcul de probabilités ». Ce n'est pas, il s'en faut de beaucoup, une spécificité allemande. En France même qui vit naître cette belle discipline, les statisticiens professionnels ne parlent pas de probabilité et l'on a pris soin d'interdire le calcul des probabilités dans les lycées et collèges, qui n'y apparaîtra, très timidement, qu'à partir de 1942[38]. On ne peut même pas dire qu'il s'agit d'une spécificité statistique ou économique, on observe le même phénomène en Physique, qui pourtant, depuis le début du siècle, est devenu fortement statistique, dès lors qu'elle s'est

[38] On verra Bernard Courtebras, *A l'école des probabilités*, Besançon, Presses de l'Université de Franche-Comté, 2006.

placée au niveau atomique ou moléculaire. Mais là encore, les physiciens évitent de parler de probabilité ou de hasard et raisonnent sur des populations nombreuses, au sein desquelles certains phénomènes sont plus fréquents que d'autres. Dieu ne joue pas aux dés, il n'y a pas de hasard dans la nature, le hasard d'ailleurs n'existe pas, c'est une autre façon de dire l'ignorance où l'on est des véritables causes, ignorance réductible par une science toujours en progrès. Au point que certains philosophes (allemands) ont théorisé ce refus d'un hasard irréductible ou de la probabilité d'un événement isolé, pris tel qu'en lui-même. Les positivistes des Cercles de Vienne et de Berlin ont proclamé que tout cela n'était que mythologie barbare et qu'il n'y avait pas lieu d'y revenir jamais. D'autant que la théorie classique des probabilités qui calcule les probabilités des événements liés aux productions de ce soi-disant hasard, et qui a trouvé à s'employer en divers lieux qui ont pignon sur rue, désintégrations atomiques, appels téléphoniques, cours de la bourse etc., peut être fondé sur des axiomes tout à fait convenables, qui évacuent les notions délictueuses. C'est la « théorie des collectifs » berlinoise de Richard von Mises, une théorie authentiquement positive de ce qu'il ne faut pas appeler les suites au hasard, mais qui en mime axiomatiquement les propriétés fondamentales, la stabilité des fréquences sur la longue durée et l'impossibilité de modifier ces dites fréquences par des sélections ne dépendant que du passé observé[39]. Il est donc hautement probable que Wolfgang Döblin n'ait pas entendu prononcer le mot « probabilité » au lycée de Königstadt ni à l'Institut des Sciences politiques de Berlin.

[39] Cette théorie date de 1919, un peu bancale au début, elle a trouvé des formes acceptables dans les années trente, mais n'a joué aucun rôle véritable dans le développement de la théorie moderne des probabilités, celle de Döblin en particulier.

Revenons à l'année 1933. Wolfgang Döblin passe son *Abitur* à Berlin au printemps et rejoint sa famille établie provisoirement à Zurich. Il s'inscrit aussitôt en mathématiques à l'Université de Zurich. On ne sait pas très bien quel cours il a suivi, mais d'après les notes qu'il a laissées et qui se trouvent à Marbach, on sait au moins qu'il a suivi le cours d'Algèbre d'Andreas Speiser, un algébriste de la grande Ecole de Göttingen, le temple de l'algèbre mondiale, l'algèbre allemande, cette cathédrale de l'esprit humain construite par raffinage progressif de l'arithmétique des nombres entiers, jusqu'à des « idéaux » inaccessibles, et d'ailleurs ignorés largement des mathématiques parisiennes ou romaines. Lorsque les jeunes boursiers français découvriraient à la fin des années vingt ces constructions vertigineuses, ils en seraient frappés au point de rejeter hardiment l'héritage de leurs pères (et leurs pères eux-mêmes) pour refonder les mathématiques sur des bases axiomatiques et algébriques dans l'esprit de Göttingen. Cela n'affecterait en rien l'enseignement et la recherche qui se pratiquaient alors à Paris. Mais on sait combien ce mouvement (bourbakiste[40] pour simplifier) modifierait durablement l'enseignement des sciences en France (et ailleurs), à partir des années cinquante. On pourrait imaginer que l'enseignement zurichois va fasciner le jeune Wolf qui, ne pouvant plus s'adonner à ses passions politiques, aurait pu voir là, dans sa langue, avec sa culture, une sorte d'aboutissement ou d'impératif, d'autant que les Nazis avaient décidé que les mathématiques algébriques n'étant pas purement allemandes, il n'y avait pas lieu de s'y consacrer. Il n'en a rien été, du moins autant que nous le sachions. L'algèbre allemande était-elle trop allemande, ou trop loin de ses préoccupations militantes ? En tout cas, Wolfgang Döblin ne semble pas s'y être jamais consacré. D'autant qu'en juillet 1933, la famille Döblin s'établit à

[40] Cf. note 51.

Paris, où il n'est plus question de faire de l'algèbre, à moins d'avoir des liens particuliers avec les jeunes Turcs de l'Ecole normale supérieure, ce qui n'était pas le cas.

A la rentrée universitaire 1933, Wolf s'inscrit à la Sorbonne en mathématiques. D'abord, évidemment en «Mathématiques générales», un certificat propédeutique de mise à niveau pour les étudiants étrangers et les maîtres d'internat qui n'étaient pas passés par les classes préparatoires des lycées. Les deux autres certificats qu'il a réussis lors des sessions d'examen de 1934, sont « Mécanique générale », un certificat obligatoire pour la licence de mathématiques, dont il a pu penser qu'il était assez proche de ce qu'il avait appris au lycée (ce qui est sans doute exact) et qu'il a réussi sans peine et, plus étrange, « Calcul des probabilités et physique mathématique, option statistique », un diplôme d'études supérieures venant en principe après la licence et qui ouvrait, pour les Français, au concours de l'agrégation, et pour les étrangers, aux nouveaux emplois d'ingénieurs statisticiens, créés parcimonieusement dans les banques et dans les grandes entreprises. Un certificat en plus, tenté à tout hasard, par défi, pour affirmer ses choix, malgré l'exil et le devoir de réserve qu'il implique.

L'option « Statistique » comportait au moins deux cours obligatoires, le cours de probabilité de Borel et le cours de statistique de Darmois. On peut imaginer que Wolf n'a guère suivi le cours de probabilité. Borel est un mathématicien brillant et créatif, mais il est aussi député radical-socialiste, ancien ministre, directeur de collections, président de mille comités, et n'a guère de temps à consacrer à l'enseignement. Ses cours sont le plus souvent vagues et vides. En revanche, le cours de statistique est remarquablement vivant et intéressant. Il est fait par Georges Darmois, qui, après une thèse de géométrie et des travaux très remarquables en relativité générale, s'est reconverti à la statistique mathématique, à la demande de Borel qui appréciait l'énergie de son ancien étudiant et croyait en l'avenir du calcul des probabilités et de la statistique. De l'avis unanime, Darmois était un enseignant exceptionnel, et il est vraisemblable que Wolf a suivi ses cours, sans rapport visible avec la statistique administrative allemande, ou le marxisme économique, mais animés d'un souffle particulier, dont il nous faut dire un mot pour clore notre parcours pédagogique.

On pourrait commencer avec cette intuition pascalienne, que le hasard peut être objet de géométrie, qu'il existe une mathématique du hasard, spécifique, avec ses définitions, ses théorèmes et ses applications. Mais il serait trop long de faire l'histoire de cette mathématique-là. Il suffit de rappeler qu'elle est, vers la fin du 19e siècle, partie prenante de la nouvelle physique mathématique, et du même coup se trouve de nouveau confrontée à son éternel problème de fondements. Tant que le calcul des probabilités se limitait aux jeux de hasard, la question de sa légitimité ou de sa scientificité ne se posait guère. On pouvait parler de hasard, de mise, d'espérance, de jeu, de chances, de suite de gains et de pertes et même de probabilité, jouer avec ces notions librement, résoudre des questions mathématiques épineuses et piquantes sur ce thème, et créer de la sorte une nouvelle sorte de géométrie avec ses méthodes particulières et ses formules remarquables. Appliquer une telle théorie aux erreurs d'observation et de mesure passe assez bien ; erreur, incertitude, hasard, ignorance font bon ménage. Que les résultats mathématiques du calcul des chances dans les jeux de hasard puissent s'appliquer également aux « choses morales et politiques », comme le prétendait possible Jacques Bernoulli au début du 18e siècle, on peut admettre, quoique de plus en plus difficilement au fil du 19e siècle, qui entend rendre positives les sciences de l'homme en société. Mais qu'on prétende décrire et maîtriser à l'aide d'un calcul de probabilités les choses de la nature elle-même, comme l'affirment les nouveaux physiciens du 20e siècle naissant, et qu'il faille développer la théorie des probabilités et l'inclure dans l'enseignement universitaire, voilà qui dépasse les bornes. On comprend les réticences et les objections des véritables savants et des philosophes des sciences, que nous avons déjà évoquées plus haut. Fonder la science objective sur l'ignorance subjective, ou pire encore sur le hasard, cette notion préscientifique, n'est pas acceptable. Le calcul des probabilités doit rester cantonné à ses domaines traditionnels d'application, et demeurer un divertissement pour mathématiciens désœuvrés. Voyons ce qui se passe à la Sorbonne en 1934. Comment y enseigne-t-on le calcul des probabilités et la statistique mathématique ?

Pour le comprendre mieux, il faut évoquer deux noms. Le premier est relativement connu, quoique peu lu. Il s'agit d'Augustin Cournot, mathématicien, philosophe, l'un des fondateurs de l'économie mathématique et l'auteur d'une *Exposition de la théorie des chances et des probabilités*, qui date de 1843[41]. Cournot entend présenter les principaux résultats de la théorie laplacienne, un monument analytique aussi riche qu'impénétrable. Il n'est pas satisfait de la façon dont Lacroix et Poisson ont exposé la théorie des probabilités devant les étudiants parisiens au début du 19e siècle et entend bannir de sa propre exposition toutes les influences sensualistes dont ils sont dépendants (le premier surtout, mais le second aussi bien qu'il s'en défende). Pour cela, Cournot, le premier (et le seul à peu près) parmi les philosophes des sciences du 19e siècle, n'hésite pas à hisser le hasard au rang des « idées fondamentales » qui

[41] Paris, Hachette, 1843, rééd. comme tome I des *Œuvres complètes de Cournot,* Paris J. Vrin, 1984.

structurent la philosophie et la science éternelles, au même titre que la force ou le nombre ou l'espace... Comme toutes les idées fondamentales, le hasard intervient dans tous les champs ou les ordres du savoir humain, de sorte qu'il a des composantes mathématiques, physiques, philosophiques, etc., qui chacune séparément a sa théorie, ses règles et ses lois, qui ne se confondent pas mais se correspondent, images multiples d'une même idée (fondamentale). Cournot se risque à donner une définition de ce hasard irréductible, comme croisement de chaînes de causes indépendantes, mais ce n'est pas le point important. Le hasard ne peut être véritablement défini à l'instar des autres idées fondamentales, de tous les mystères de la raison et de la foi qui fuient devant nous à mesure que nous les pénétrons davantage. Ainsi le calcul des probabilités se trouve rattaché, comme toutes les sciences de calcul, au cœur même de la connaissance, de l'ordre, de la raison des choses. Peu importe d'ailleurs, il suffit de dire que le hasard n'est pas seulement un autre nom de l'ignorance, mais c'est aussi une idée claire et distincte et qu'il n'y a pas lieu de l'écarter avec un tel mépris, à moins d'écarter aussi la notion de force (ce que certains scientistes, allemands notamment, n'hésitent pas à faire) mais aussi celle de nombre, ce qui couperait l'herbe sous les pieds de l'algèbre allemande elle-même. Le second nom dont il faut dire un mot est celui d'un savant controversé, Joseph Bertrand, professeur de physique mathématique au Collège de France, professeur d'analyse à l'Ecole polytechnique, secrétaire perpétuel de l'Académie des sciences, membre de l'Académie française, etc., pédagogue exceptionnellement brillant et auteur d'un grand nombre de traités d'enseignement sur tous les sujets, en particulier sur le calcul des probabilités, 1888[42]. Dans l'introduction de son

[42] *Calcul des probabilités,* Paris, Gauthier-Villars, 1888, seconde édition identique à la première, *ibid.*, 1907, accessible sur le site Gallica.

calcul des probabilités, intitulé par provocation antiprussienne « les lois du hasard », Bertrand, qui suit Cournot à sa façon, affirme péremptoirement que « le mot hasard est intelligible de soi », qu'il « éveille dans l'esprit une idée parfaitement claire » et qu'il n'est pas nécessaire d'en dire davantage. De la même façon, la définition de la probabilité dans un univers fini, est dénuée de toute ambiguïté, et l'on peut calculer ainsi de proche en proche toutes les probabilités du monde, en appliquant des règles uniformes. Il serait trop long de faire une analyse serrée d'une telle présentation, et surtout inutile puisque Bertrand se lance ensuite dans un exposé extrêmement brillant de ce que la géométrie du hasard peut avoir de particulier et d'universel et que Laplace, ce grand homme, a considérablement obscurci par des développements analytiques inextricables. Pour illustrer son propos, Bertrand propose une étude fine particulièrement convaincante du jeu de pile ou face prolongé aussi longtemps qu'on voudra. Reprenant les méthodes « probabilistes » des géomètres du début du 18e siècle et les améliorant au gré de son inspiration, de ce qu'on appelle à juste raison l'intuition probabiliste, où le hasard intervient sans cesse comme idée directrice, Bertrand traite des propriétés qualitatives de la suite des gains et des pertes d'un joueur et de sa ruine inévitable. Le traité de Bertrand va inspirer bientôt au début du 20e siècle les travaux de Bachelier sur les cours de bourse, qui fluctuent comme les fortunes d'un joueur qui jouerait à pile ou face chaque fraction élémentaire de seconde, mais aussi les cours de Borel à la Sorbonne, cours qui ne se privent pas dès 1907 d'invoquer l'idée de hasard et les intuitions qui lui sont liées. Que l'idée de hasard puisse intervenir en physique n'est pas pour étonner dans la tradition parisienne, même si les savants français, Bertrand en particulier, ne se pressent pas pour en exploiter la richesse. En tout cas, pour la nouvelle génération, Borel, Perrin, Langevin, il n'y a aucun doute à cet égard et ils s'emploieront, le premier surtout, à développer les enseignements de calcul des probabilités (à la française) et de ses composantes, statistique, physique théorique et mathématique. Si bien que dans les années 1920-1930 se développe à Paris une école de théorie des probabilités, que l'on peut qualifier de classique modernisée, où l'on « admet le hasard » la notion de « probabilité d'un événement isolé », crime passible des plus hautes peines selon les écoles positivistes allemandes mais source des principaux développements théoriques d'alors (et de toujours) et bien sûr des travaux de Wolfgang Döblin qui se trouve suivre en 1934 le cours de Borel (d'ailleurs assez proche de celui de 1908) et celui de Darmois qui en donne les applications statistiques. Ce qui nous ramène à notre sujet et le clôt.

En particulier, Darmois, cette année-là, parla de chaîne de Markov, ces chaînes d'événements dont l'avenir ne dépend que du présent. Comment parler d'un tel sujet, en se refusant de parler du hasard qui en chaque instant change le cours des choses sans se soucier du passé ? Dès lors, il est facile pour un esprit aussi délié que celui du jeune Wolf d'imaginer le mouvement décrit et de démontrer en se jouant son comportement sur la longue durée. Ce qu'il fit aussitôt sans savoir qu'il innovait absolument, ou plutôt qu'il affinait et généralisait la fameuse étude du battage des cartes présentée par Hadamard en 1928, Hadamard qui lui aussi « admettait le hasard » et voyait le mouvement des cartes battues comme la trajectoire d'un système perturbé sans cesse par un hasard sans mémoire. On trouverait ainsi une explication du brusque changement d'orientation de Wolf qui semble abandonner alors ses projets de thèse en sciences politiques, pour se consacrer de toute son énergie à la théorie moderne des probabilités, si peu berlinoise et si parisienne.

Il serait présomptueux de prétendre résoudre de cette façon les mystères de la création döblinienne, mais peut-on jamais résoudre ce qui est pur mystère ?

Comparaison de l'enseignement universitaire des mathématiques en France et en Allemagne

Pierre-Yves Louis
Institut für Mathematik der Universität Potsdam
(Institut de Mathématiques de l'Université de Potsdam, Allemagne)

Introduction

Initié en 1999 à Bologne, berceau des universités, le processus d'harmonisation des systèmes universitaires des états européens[43] est en cours. Les états européens sont à divers stades d'une évolution nécessaire à la constitution d'une Europe de la connaissance et de la recherche. Les universités de France et d'Allemagne sont les héritières de deux traditions différentes, l'une répandue dans les pays latins, l'autre dans les pays germaniques et anglo-saxons.

Cet article se focalise sur le champ disciplinaire des mathématiques. Il se fonde sur l'expérience de l'auteur qui, après avoir été étudiant puis enseignant à l'université dans le système français, exerce depuis quatre années à l'université de Potsdam en Allemagne. À première vue, les organisations nouvelles préconisées par l'harmonisation européenne sont dans ces deux pays en bonne voie de mise en place. Il apparaît cependant dans la pratique de nombreuses divergences. Elles traduisent des différences préexistantes et difficiles à aplanir par la seule volonté politique en un intervalle de temps si bref.

[43] Les États européens engagés dans ce processus ne sont pas seulement les États-membres de l'Union européenne. 29 États ont signé la convention de Bologne en 1999 et actuellement 45 États sont concernés.

Cet article ne développe pas de théorie mais dresse le constat de l'évolution en pratique des systèmes universitaires français et allemand. Il brosse un portrait des nouvelles structures par rapport aux anciennes, aussi bien dans le système allemand que dans le système français, afin de mieux les comparer. Il n'est pas présupposé que le lecteur connaît au préalable les deux systèmes.
Fruit de la pratique de l'auteur dans le champ disciplinaire des mathématiques, cet essai souhaite également en présenter certaines spécificités par rapport aux autres champs du savoir académique. Enfin, nous fournirons divers exemples qui, dans une analyse plus détaillée qui reste encore à mener, seraient à considérer dans une perspective théorique d'éducation comparée.

Nous ne nous intéresserons pas aux formations supérieures délivrées dans les IUT, *Fachhochschulen* ou Ecoles d'ingénieurs, par manque d'expérience. La problématique de la formation des maîtres n'est pas non plus abordée car elle serait à replacer dans le contexte du système éducatif dans sa globalité et cela mériterait une étude plus détaillée. Enfin, notre étude ne concerne que les formations pour mathématiciens et non pas l'enseignement des mathématiques comme discipline utilitaire, enseignement qui possède ses propres caractéristiques.

Dans un premier temps, sont présentées les règles de fonctionnement général de l'enseignement supérieur universitaire en France et en Allemagne, au sein de leurs évolutions respectives, et avec des spécificités sortant du champ disciplinaire des mathématiques. Dans une deuxième partie, on présentera différents particularismes liés aux modalités de la transmission des savoirs. Le cadre se focalise progressivement sur les caractéristiques formelles liées à l'enseignement des mathématiques. Enfin la troisième partie s'intéresse plus particulièrement à l'essence de la formation : son contenu et comment celui-ci est déterminé. Les différences y sont d'ailleurs plus marquées car elles sont le fruit de deux cultures nationales bien distinctes. Ce point est à compléter par la lecture de la présentation historique faite par B. Bru dans ce volume, à propos de la formation mathématique reçue en Allemagne et en France par Wolfgang Döblin.

Organisation de l'enseignement universitaire en mathématiques

Évolution de la structure générale

L'enseignement universitaire en mathématiques est structuré selon le cadre général d'organisation des études supérieures en Europe mis en place depuis quelques années selon les accords de Bologne, décliné en France dans la réforme « LMD » pour les grades[44] de Licence, Master, et Doctorat et sanctionnant respectivement 6, 6+4=10 et 6+4+6=16 semestres d'études. En France et en Allemagne, ce processus d'harmonisation européenne connaît diverses mises en œuvre pratiques. Les choix réalisés au niveau national en France, fédéral, régional ou local en Allemagne, sont tributaires des contingences actuelles et des traditions historiques.

En France, l'ancienne organisation se fondait sur la délivrance, à l'issue de la réussite à des examens, d'un diplôme par année universitaire, à l'exception des deux premières années après le Baccalauréat : DEUG (deux années) puis Licence (d'ancien régime, Bac +3), Maîtrise (Bac+4) et DEA/DESS (Bac+5). Le terme de Licence

[44] Un grade universitaire est un degré d'avancement dans le déroulement des études supérieures. La délivrance d'un diplôme par une université ou une autre institution d'études supérieures donne droit au grade éventuellement associé.

désignait donc le diplôme national validant la seule troisième année universitaire. L'étudiant devait être au préalable titulaire d'un DEUG ou en avoir été dispensé comme pour les élèves issus de classes préparatoires réintégrant l'université. Dorénavant, en France, le terme de Licence désigne les trois premières années universitaires et les sigles L1, L2… L6 désignent respectivement le premier, le second… le sixième semestre de la nouvelle Licence. Dans certaines universités, le choix s'est porté sur L1, L2, L3 pour désigner les trois années successives de la nouvelle Licence. Cette codification trahit cependant la survivance d'une organisation des études par année universitaire. La nouvelle organisation a ainsi été diversement mise en œuvre selon les universités. L'ancienne structure annuelle des études perdure sous diverses formes. La compensation des notes d'examen entre elles survit également - pratique inconnue en Allemagne - : les notes d'examen obtenues à des modules d'enseignement distincts lors de deux semestres différents d'une même année universitaire (encore appelée année pédagogique) peuvent se compenser par moyenne. De même, tout titulaire d'une Licence peut s'inscrire en première année de Master (Master 1) alors que l'accès à la seconde année (Master 2) est réglementé par concours sur dossier. Ce fonctionnement est pour le moins incongru et difficile à saisir pour un étranger. C'est un héritage de l'organisation des 4e et 5e années universitaires en Maîtrise et DEA/DESS. Cette survivance se poursuit d'ailleurs au niveau de certaines conventions collectives et au sein même de la fonction publique. Certains concours de la fonction publique ne sont accessibles qu'aux titulaires d'un Master 1 (ancienne maîtrise) : agrégation, concours d'entrée à l'École nationale de la magistrature.

En Allemagne, l'enseignement universitaire a toujours été structuré en semestres. Le système était organisé en six semestres initiaux (*Grundstudium*) débouchant sur le

Vordiplom[45] et quatre semestres avancés (*Hauptstudium*) pour mener au seul vrai diplôme universitaire, le *Diplom* - appelé *Magister* en sciences humaines. En première analyse, on peut considérer le *Vordiplom* et le *Diplom* comme les niveaux respectifs de Licence (nouvelle version) et Master. Cependant, contrairement à la Licence/*Bachelor* du nouveau système, le *Vordiplom* n'est pas associé à un grade académique, c'est-à-dire ne correspond pas à la délivrance d'un diplôme. Il permet toutefois une meilleure rémunération dans certaines entreprises lors de stages, et facilite le changement d'université entre *Grundstudium* et *Hauptstudium*. Bien plus, les règlements des études permettaient, et permettent encore là où le nouveau système n'est pas encore instauré, aux étudiants, de valider d'abord différents modules, indistinctement de *Grund-* ou *Hauptstudium*, puis de demander à valider leur *Vordiplom* quelques mois avant de présenter les examens finaux du *Diplom*. Le processus de Bologne introduit donc une évolution fondamentale dans le système allemand en créant un grade universitaire nouveau et intermédiaire, celui du *Bachelor*, terminologie qui désigne exactement la nouvelle Licence en France. Les nouveaux règlements des études obligent à achever le *Bachelor* en un nombre imparti de semestres d'études pour pouvoir s'inscrire à la formation de Master. La question suivante se pose : à l'avenir, comment le marché du travail allemand reconnaîtra-t-il le *Bachelor*?

Cette structure générale en mutation est commune à toutes les universités allemandes. L'Allemagne est cependant une république fédérale[46]. L'enseignement supérieur - son organisation, sa gestion, son financement - relève de l'autorité et de la responsabilité des régions (*Länder*). Le

[45] *Vordiplom* est l'appellation courante de *Diplom-Vorprüfung*.
[46] Une étude plus détaillée devrait prendre en compte la dimension historique des différentes traditions en RFA et en RDA ainsi que les conséquences de la réunification allemande.

ministère fédéral ne peut que tenter, avec plus ou moins grand succès, de donner une orientation générale. Ainsi, un nouveau type de postes d'enseignant chercheur, les postes de Professeur Junior, introduits récemment par une volonté politique fédérale, n'ont pas été mis en place dans tous les *Länder*. Toutefois, si la réglementation de l'organisation des études universitaires relève de la compétence du *Land*, le financement de la recherche est fortement géré -au moins pour les sciences théoriques- au niveau fédéral via la *Deutsche Forschungsgemeinschaft* (DFG), agence fédérale de financement de la recherche. Par le financement d'écoles doctorales, c'est-à-dire de bourses de Doctorat et de Post doctorat, la DFG influe également sur les contenus des formations de Master, dont ces écoles doctorales constituent un débouché. Les formations menant au Doctorat ne seront pas développées ici, car il s'agit de formation par la recherche, ayant d'autres particularités qui sortent du cadre de cette étude.

Le calendrier universitaire

La répartition des périodes d'enseignement et d'examens met également en exergue des différences majeures entre l'Allemagne et la France dans la conception des études supérieures. Cela est dû en particulier aux modalités très distinctes du contrôle des connaissances, thème qui sera développé ci-après.

En Allemagne, les deux semestres sont répartis uniformément au sein de l'année universitaire. Au-delà de petites différences au niveau régional, on relève l'organisation suivante : semestre d'hiver de début octobre à mi-février, avec une pause pour Noël/Nouvel An ; semestre d'été de Pâques à fin juillet. Il n'y a pas vraiment de période d'examens, le contrôle des connaissances étant organisé indépendamment par chaque professeur.

En France, l'introduction du processus de Bologne a modifié l'organisation de l'année universitaire. Les nouvelles règles imposent l'organisation de deux sessions d'examens rapprochées dans le temps, la seconde donnant à l'étudiant une nouvelle chance. La seconde session des examens du semestre d'hiver ne peut plus être organisée conjointement avec celle du semestre d'été (session de septembre d'autrefois). Le début de l'année universitaire a donc lieu plus tôt qu'auparavant. De mi-septembre à Noël se déroule le premier semestre, puis viennent les examens, première et seconde sessions en janvier ; le second semestre de mi-janvier à mi-mai est suivi par les examens en juin et la seconde session fin juin. Des périodes de vacances similaires aux vacances scolaires nationales s'intercalent. Une fois encore, cette organisation traduit la prédominance persistante en France du concept d'année universitaire sur celui de semestre universitaire. De plus, cela témoigne d'un alignement du calendrier universitaire sur le calendrier scolaire.

Cours magistraux, travaux dirigés et séminaires

En Allemagne, comme en France, les enseignements de mathématiques s'articulent en cours magistral en amphithéâtre face à une promotion complète et en travaux dirigés (TD) en groupes restreints. En mathématiques, comme pour les autres sciences théoriques en général, les exercices et exemples développés en travaux dirigés sont nécessaires pour fixer les notions abstraites introduites en cours et acquérir les réflexes de calcul associés. En Allemagne, des fiches hebdomadaires d'exercices sont distribuées aux étudiants, qui rendent à l'enseignant des solutions rédigées[47]. Ils sont alors notés sur la pertinence du raisonnement mathématique et sur la rigueur et la qualité de leur rédaction. Cette pratique est d'autant plus utile lorsque l'étudiant est au début de ses études. Il apprend ainsi un mode de rédaction précis et reconnu par la communauté scientifique. Occasionnellement, les professeurs responsables de chaire[48] en Allemagne bénéficient de moyens financiers pour rémunérer des correcteurs ; il s'agit souvent d'étudiants de semestres avancés. Ce rythme soutenu de travail hebdomadaire n'est pas sans similitudes avec le fonctionnement des classes préparatoires aux grandes écoles en France, qui bénéficient de moyens sans commune mesure avec ceux des premiers cycles universitaires pour encadrer fortement l'étudiant débutant. Le rythme de travail hebdomadaire qui y règne comprend devoirs à la maison, devoirs surveillés et interrogations orales. L'étudiant est ainsi non seulement très encadré mais également évalué continuellement, ce qui lui permet de se situer par rapport aux attentes de l'enseignant.

Si un tel encadrement intensif est nécessaire aux étudiants débutants (les quatre/cinq premiers semestres de la Licence/*Bachelor)* le risque est grand de maintenir l'étudiant trop longtemps dans un rythme scolaire encadré, alors qu'une autonomie de travail est à acquérir. C'est un des défauts souvent décriés de l'enseignement universitaire français. Les étudiants se rendent aux travaux dirigés et

---

[47] Il faut préciser que lorsque l'effectif des étudiants est important, ils sont souvent autorisés à rendre ces travaux à plusieurs. Au sein d'un même groupe de travail, les investissements de chacun des étudiants sont souvent très différents. La note est commune, ce qui permet malheureusement à certains de valider des unités sans y avoir investi de travail.

[48] Les chaires constituent en Allemagne des entités thématiques et budgétaires indépendantes. Elles sont sous la responsabilité d'un professeur. Elles regroupent, en leur sein, différents enseignants chercheurs.

recopient en spectateurs une correction proposée par l'enseignant. Ils apprennent peu à se poser des questions et ne savent pas inventer des méthodes de résolution. En Allemagne, même s'il existe de manière plus modérée, ce danger est tempéré par l'existence des séminaires et la rédaction d'un mémoire de recherche conséquent.

Une autre spécificité de l'enseignement supérieur allemand réside en effet en la participation obligatoire des étudiants à un certain nombre de *Proseminar* (séminaires organisés pour les étudiants du niveau *Bachelor* ; séminaires ardus, voire séminaires de recherche au sens usuel). Traditionnellement, un ou plusieurs ouvrages de référence dans la discipline sont choisis par le responsable. Chaque étudiant doit en étudier quelques chapitres de manière approfondie et présenter oralement le fruit de son analyse. C'est un exercice délicat qui peut certes se réduire chez l'étudiant peu consciencieux à paraphraser le texte de base sans le comprendre, mais qui permet aux étudiants les plus brillants d'être formés très tôt à des questions de recherche actuelles.

Les mémoires universitaires

Alors qu'en France, traditionnellement, les étudiants en sciences humaines rédigeaient déjà des mémoires pour obtenir l'ancienne Licence ou la Maîtrise, les étudiants en mathématiques devaient attendre l'année de DEA/DESS, s'ils en réalisaient une, pour devoir produire un tel travail autonome. En Allemagne, il est nécessaire pour l'obtention du *Diplom* de réaliser un mémoire conséquent (*Diplomarbeit*) sur un thème de recherche actuelle. La durée de réalisation d'un tel travail - qui donne parfois lieu à une publication dans une revue scientifique – est, en général, de six mois à un an. Il s'agit donc d'un travail plus conséquent qu'un mémoire de DEA/DESS qui n'est réalisé, lui, qu'au terme de quelques semaines. Le nouveau système Licence/*Bachelor*-Master devrait minimiser ces différences entre les deux côtés du Rhin : l'étudiant allemand ou français doit réaliser un mémoire pour l'obtention du *Bachelor*, respectivement de la Licence. En ce qui concerne le mémoire de fin de Master, il est toutefois probable que les différences notables qui existaient entre le mémoire de DEA et le *Diplomarbeit* demeureront.

Modalités de la transmission des savoirs

Certaines différences entre les systèmes français et allemand sont déjà apparues. D'autres plus manifestes se trouvent dans les procédés d'évaluation du travail de l'étudiant et dans les choix pédagogiques effectués, volontairement ou non.

Du contrôle des connaissances

La règle de base dans le système LMD européen est de capitaliser des crédits. Ces crédits correspondent à des volumes horaires standardisés associés à un ou plusieurs enseignements. Les diplômes de Licence/*Bachelor* et de Master s'obtiennent à l'issue de la décision d'une commission universitaire - jury - à la vue des crédits universitaires validés. Le terme de « cours » désigne une entité thématique d'enseignement et éventuellement les travaux dirigés associés. Un cours donne lieu à une procédure de validation spécifique. Un module d'enseignement peut regrouper plusieurs cours afin d'atteindre un des quotas d'heures enseignées réglementaires. Les systèmes universitaires français et allemands diffèrent énormément en ce qui concerne la pratique de la sanction des cours.

En France, la plupart des cours (ou U.E. pour « unité d'enseignement »), à l'exception de certains stages, de travaux pratiques (comme en Informatique, Physique...) se valident par la réussite à un examen. Réussir à un examen signifie obtenir à un contrôle une note supérieure à la moyenne. Traditionnellement, l'étudiant est évalué sur une échelle de 0 à 20, où 20 constitue la meilleure note. Les contrôles sont écrits et/ou oraux, préférentiellement écrits. Une période est réservée dans l'année pour que l'université organise les examens ; la quasi-totalité des enseignements sont alors suspendus pendant cette période et les locaux sont utilisés pour le déroulement des épreuves écrites. Chaque étudiant doit s'inscrire au préalable et reçoit une convocation officielle. Un service des examens gère la logistique et il n'est pas rare que du personnel occasionnel soit employé pour assurer la surveillance des examens. La présence de l'enseignant est seulement souhaitée, afin de régler des problèmes éventuels concernant le sujet de l'examen. L'étudiant compose à une place assignée par ordre alphabétique. Les étudiants sont mélangés avec des étudiants qui composent d'autres examens afin d'éviter les problèmes de tricherie. Le déroulement d'un examen en France suit, en effet, des règles légales précises : un étudiant retardataire ne peut être admis à composer, aucune sortie n'est autorisée à moins qu'une heure d'épreuve ne se soit écoulée. Le matériel de composition est fourni par l'université. Il s'agit de supports papier spécifiquement édités dans ce but sous forme de copies doubles. Les copies[49] sont rendues anonymes par l'étudiant lui-même dans le but d'une correction impartiale et l'anonymat n'est levé qu'après correction, lors d'une séance publique à laquelle les étudiants assistent.

Passer un examen en France est souvent un choc pour un étudiant issu du système allemand. Le déroulement spartiate

---

[49] Il est intéressant de relever que le mot « copie » en français désigne à la fois le travail d'un étudiant et le support papier sur lequel il est manuscrit. Le format A3 plié en deux, si prisé en France, n'est pas utilisé – ni même connu - en Allemagne pour rédiger des travaux universitaires.

des épreuves d'examen en France lui est inconnu. En Allemagne, il n'y a pas de service des examens. L'organisation et la logistique des épreuves sont uniquement de la responsabilité de l'enseignant chercheur qui a délivré le cours. Il n'y a pas de matériel spécifique de composition, ni de copies anonymes. Les modalités de contrôle des connaissances sont, par ailleurs, variables et décidées par le responsable du cours ; elles doivent être communiquées aux étudiants en début de semestre. C'est une manifestation de la grande liberté pédagogique dont le Professeur allemand jouit. Bien souvent, il n'y a pas d'épreuves écrites, mais des épreuves orales, dont la date est à fixer par le professeur en accord avec chaque étudiant. Le cours peut également être validé par contrôle continu via les fiches hebdomadaires de TD notées, voire même par simple présence. Ce fonctionnement engendre de bien plus grandes hétérogénéités qu'en France en matière de contrôle des connaissances. Dans l'ancien système *Vordiplom/Diplom,* un cours donnait juste lieu à validation ou non. Dans le nouveau système *Bachelor/Master*, une note accompagne la validation du cours. Une révolution! Traditionnellement, les notes s'échelonnent de 1 ; 1,3 ; 1,7 ; 2 ; 2,3 … à 6. La meilleure note est le 1. Les notes de 5 et 6 ne permettent pas de valider le cours. Pour l'obtention du *Diplom*, il faut également passer trois examens oraux portant chacun sur un groupe thématique de cours validés au préalable. Une commission est chargée d'autoriser la soutenance de ces examens au vu de l'ensemble des cours validés par l'étudiant. Cette commission est garante de la cohérence de la formation : par exemple, orientation en mathématiques pures ou bien en mathématiques appliquées… Le choix des associations de cours validés et des enseignants chercheurs interrogateurs pour ces examens oraux finaux est laissé à l'étudiant et est soumis à validation par l'administration. Ce n'est pas sans engendrer une disparité entre les étudiants dans leur évaluation. Si théoriquement un professeur d'algèbre peut interroger sur le programme de géométrie élémentaire, en pratique cela se produit rarement. Certains étudiants réussissent à élaborer des stratégies et font des associations judicieuses des cours validés afin de minimiser de fait le programme (normalement conséquent) de préparation de leur examen oral final. Ces examens oraux demeurent dans le système *Bachelor/Master*.

Enfin, la communication des résultats d'examens a ses spécificités : en France, tous les résultats, dans chaque unité d'enseignement, de chaque étudiant, sont officiellement affichés à la vue de tous alors qu'en Allemagne l'affichage des résultats des épreuves n'est autorisé[50] qu'à condition que seul le numéro de matricule des étudiants y soit mentionné.

À ces différences d'organisation, s'ajoute une différence de forme dans le contrôle des connaissances. Le « problème » est en France une forme très prisée en mathématiques pour évaluer la compréhension du cours par l'étudiant. Le « problème » aborde un thème mathématique dans une certaine globalité. Il consiste en : vérification élémentaire de quelques propriétés de base, preuve de quelques lemmes, puis preuve d'un résultat plus profond et plus difficile, d'un théorème dans une forme éventuellement simplifiée et enfin applications diverses de ce résultat à d'autres thématiques mathématiques, résolution d'exemples concrets. Cette forme d'évaluation écrite permet d'aborder une approche moins thématique des mathématiques. Une telle épreuve demande cependant le temps de sa réalisation. Ainsi, il n'est pas rare qu'une épreuve de mathématique en France dure trois, quatre, voire six heures (comme par exemple pour l'agrégation). C'est une durée inconcevable en Allemagne. Une épreuve y dure tout au plus deux heures à l'écrit.

[50] Il s'agit d'une conséquence du principe de protection de la vie privée qui est inscrit dans la Constitution de la République Fédérale d'Allemagne.

L'épreuve orale est privilégiée. Elle dure entre une demi-heure et une heure. Elle permet de tester plus directement la compréhension du cours. L'enseignant chercheur interroge sur des concepts, des résultats, pose éventuellement de petits exercices. La possibilité est donnée aux étudiants de choisir le moment où il réalise cette épreuve. Cette liberté permet malheureusement aux étudiants moyens de repousser l'échéance le plus tard possible, par crainte de non-réussite. Ceci n'est pas sans contribuer à l'allongement de la durée moyenne des études supérieures.

Style du cours magistral

S'il y a des différences entre les cours magistraux de mathématiques, celles-ci ne relèvent pas d'une différenciation culturelle France/Allemagne mais découlent de la personnalité de l'enseignant. Ce style dépend de la formation que l'enseignant chercheur a reçue, de la forme des cours auxquels il a assisté et qu'il a appréciés, de l'école de recherche mathématique à laquelle il a été formé, de son degré de maîtrise et de connaissance de la thématique à enseigner, c'est-à-dire de la distance qu'il s'octroie par rapport aux livres de référence, et enfin du temps qu'il peut consacrer à la préparation de cet enseignement. D'autres éléments sont à prendre en compte qui amènent l'enseignant à des choix quant à la pédagogie à adopter pour un cours donné : niveau, connaissances préalables et attentes du public, format horaire du module d'enseignement, répartition éventuellement imposée du temps entre cours magistraux et travaux dirigés. La mobilité importante des enseignants chercheurs en mathématiques engendre un brassage des traditions pédagogiques qui sont plus induites par les différentes écoles mathématiques que par des spécificités nationales.

Le cours magistral de mathématiques a de grandes caractéristiques transnationales. Traditionnellement, le tableau noir est utilisé. Il doit être de taille conséquente car un grand nombre d'informations et de formules doivent y être manuscrites et y demeurer le plus longtemps possible afin de faciliter la compréhension de l'étudiant. Celui-ci doit en effet avoir à chercher le moins possible pendant le cours dans ses notes personnelles et pouvoir se concentrer sur la compréhension. Une évolution actuelle est l'emploi du vidéo projecteur qui permet le recours à des documents multimédias. Les définitions, les théorèmes, sont donnés de manière précise aux étudiants. La plupart des preuves sont données de manière détaillée. Des différences entre enseignants apparaissent surtout dans le niveau de généralité auquel les notions sont introduites, la motivation donnée de ces notions, la quantité d'exemples et d'applications. Soulignons une autre particularité française : le bourbakisme[51] a engendré une tendance à la présentation des notions très formelle, très générale et peu motivée.

[51] Nicolas Bourbaki est le nom fictif d'un groupe de mathématiciens créé en 1935 autour de personnalités telles que Henri Cartan, Laurent Schwartz, André Weil (le frère de la philosophe Simone Weil). Sous ce nom, le collectif publia des traités dans le but d'unifier les différentes branches des mathématiques d'un point de vue généraliste dans le cadre de la théorie des ensembles. Cette approche révolutionna la discipline. Elle apporta au mathématicien expérimenté une vision synthétique. Elle fut cependant critiquée par la suite : approche trop abstraite et aride, manque d'exemples, symbolisme trop marqué. L'abord des mathématiques en devenait trop abrupt pour les étudiants. Ce mouvement servit de caution à la réforme dite des « mathématiques modernes » qui fut introduite dans les années soixante dans l'enseignement primaire et secondaire. Elle fut inadaptée aux élèves, ainsi qu'à leurs enseignants qui n'avaient pas été préparés à une telle remise en cause des approches traditionnelles qu'ils avaient eux-mêmes apprises. Certains membres du groupe Bourbaki devaient d'ailleurs souligner le caractère abusif de l'utilisation pédagogique qui fut faite de leur mouvement. Voir à ce propos le numéro spécial sur Bourbaki paru dans la revue « Pour la science », collection Les génies de la science, numéro 2 de février 2000, ainsi que l'autobiographie de Laurent Schwartz, Éditions Odile Jacob, Paris, 1997.

Bien que la manière d'écrire des formules mathématiques soit standardisée par l'usage au niveau international, il subsiste ici et là des différences. Souvent, ces distinctions se rencontrent dans des thématiques encore en évolution où différentes écoles de recherche désignent diversement les objets. Dans la formation canonique en mathématique, demeurent quelques dissemblances bien connues, par exemple les coefficients combinatoires qui représentent le nombre de tirages non ordonnés distincts, sans remise, de k éléments parmi n sont désignés par C_n^k dans le monde francophone et par $\binom{n}{k}$ ailleurs ; ou bien la notation (a,b) utilisée par certains en Allemagne pour désigner l'intervalle des nombres réels compris entre a et b, mais ne comprenant pas les bornes a et b, et qui est généralement noté $]a,b[$. Cette dernière notation présente l'avantage d'éviter la confusion avec l'écriture (a, b) qui désigne aussi la paire constituée des éléments a puis b. Une autre grande différence entre les mondes francophones et anglo-saxons est l'emploi du couple de vocables positif/strictement positif pour signifier qu'une grandeur est respectivement ≥ 0 / >0 alors que les Anglo-saxons utilisent respectivement la dénomination non-négatif/positif. Cette fois, le symbole mathématique vient lever l'ambiguïté des termes. Il semble qu'en Allemagne, les deux usages sont présents avec une prédominance de l'usage anglo-saxon.

Ecrire des mathématiques nécessite le recours à de nombreux caractères pour désigner de manière générique les différents objets abstraits manipulés. Le recours à l'alphabet grec est classique et constitue une constante disciplinaire internationale. Plus méconnue hors des mathématiques est l'importance du choix de la police d'écriture. Par exemple, pour désigner la fonction « p » de Weierstraß est utilisé le symbole $\wp$. Au-delà d'un exotisme de notation de la part des mathématiciens, l'emploi d'une même police pour différents caractères traduit le fait que ces objets appartiennent à une même catégorie mathématique : nombres, fonctions... Ainsi $A \in \mathcal{A}$ désigne l'assertion que l'élément A appartient à l'ensemble $\mathcal{A}$. A et $\mathcal{A}$ désignent deux entités différentes. Le choix de la police est ici d'importance pour éviter le non-sens. Le mauvais emploi de la graphie trahit souvent chez l'étudiant un manque de compréhension. Ce fait est particulièrement constaté lors des épreuves orales. En théorie des probabilités et statistiques, les lettres majuscules X, Y… désignent des « variables aléatoires » qui sont, contrairement à ce que cette terminologie laisse présager, des fonctions. Cependant, autre source de confusion, des règles de calcul sont développées dans lesquelles le symbole X peut être manipulé formellement comme l'inconnue usuelle x. Ceci explique la terminologie. L'usage des majuscules est ici conceptuellement très important. Français enseignant en Allemagne, l'auteur a ainsi été confronté à cet aspect inattendu de la différence linguistique. La graphie cursive des caractères romains diffère pour certaines lettres entre la France et l'Allemagne. Par exemple, la lettre z en français s'écrit 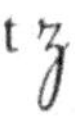 comme en vieil allemand  (mode d'écriture dit Sütterlin), alors que l'allemand moderne utilise la forme *z*. Ou bien encore le x minuscule qui, en allemand manuscrit, ne diffère du X majuscule que par la taille de la police. Les Français préfèrent le plus souvent l'écriture $\propto$ plus arrondie. Cette différence typographique est source de nombreuses confusions supplémentaires pour les Allemands compte tenu de l'exemple de la désignation des variables aléatoires évoquée précédemment. Grâce à l'emploi usuel de la forme $\propto$, distinguable de X et x, les Français évitent généralement cet écueil.

Enfin, un autre champ de différences culturelles se trouve parmi les formules scolaires canoniques et leurs dénominations. En général, moins sujet à l'internationalisme que le monde universitaire, le monde des enseignants des cycles primaires et secondaires est plus marqué par une culture nationale. Il faut en effet du temps pour que l'uniformisation des terminologies et modes d'écriture, engendrée par les contacts au niveau de la recherche, se propage via la formation des jeunes maîtres. Parfois, la dénomination reflète un parti pris national comme en témoigne la fameuse polémique à propos de la paternité de la formule d'intégration de Leibniz respectivement de Newton. Moins connu est l'exemple du triangle de Pascal. C'est un mode de représentation d'une relation fondamentale entre les coefficients binomiaux. Ce triangle était, encore il y a peu, dit de Tartaglia[51] en Italie. Les méthodes traditionnelles de résolution « mécanique » d'un problème diffèrent également. Ainsi la célèbre méthode de résolution d'une équation polynomiale du second degré à une inconnue $ax^2 + bx + c = 0$ est en France celle du discriminant. Le discriminant Δ a pour valeur $b^2 - 4ac$ et permet de distinguer différentes situations pour les solutions. Cette dénomination de la méthode de

---

[52] D'après Niccolò Fontana Tartaglia (1499-1557), mathématicien vénitien.

résolution n'est pas usuelle en Allemagne ; elle est désignée différemment, bien que mathématiquement ce soit la même, sous le nom de formule p-q.

Choix des contenus pédagogiques

L'évocation de ces dissemblances dans le mode de présentation, de transmission et de validation du savoir mathématique, motive la question essentielle du contenu qui doit être transmis dans le cadre d'une formation supérieure et des procédés qui mènent à son établissement.

Bidisciplinarité

En France comme en Allemagne, les formations supérieures ne sont pas strictement disciplinaires. Tout parcours de Licence en Mathématiques contient de la Physique, de l'Informatique... L'enseignement de Master est essentiellement disciplinaire. En Allemagne, deux matières sont distinguées : l'une de spécialisation, l'autre de complément, respectivement *Hauptfach* et *Nebenfach*. Des cours de niveau *Grundstudium* (Licence) sont à suivre dans les deux disciplines pour obtenir le *Vordiplom/Bachelor*. Les études de *Hauptstudium/Master* sont à suivre au sein d'une seule discipline. Il faut préciser à ce propos que la liberté octroyée aux étudiants dans le système allemand permettait à certains de mener à bien tout leur cursus de mathématiques jusqu'au niveau *Diplom* et d'achever leur formation en discipline complémentaire seulement à la fin de leurs études, afin de pouvoir obtenir l'autorisation de présenter les examens oraux finaux. Cette liberté disparaît au sein du système *Bachelor/Master*.

La tradition centralisatrice française

La tradition historique centralisatrice française a toujours engendré une norme relativement unifiée dans les contenus pédagogiques. Le ministère de l'Education nationale et celui de l'Enseignement supérieur (éventuellement unis au gré des gouvernements) habilitent les formations délivrées par les universités, dans leur forme et dans leurs contenus. En cela, ils contrôlent une certaine homogénéité du contenu des programmes à délivrer. Par ailleurs, ces ministères fixent les programmes des classes préparatoires aux grandes écoles (CPGE, les deux premières années universitaires), définissant en cela une référence pour les premiers cycles universitaires (soit l'ancien DEUG ou actuellement les deux premières années de Licence). Les dissemblances entre les universités se situent essentiellement sur l'accent porté sur certains points de programme et sur le temps à y consacrer. Comme évoqué précédemment, le fonctionnement des CPGE est fondamentalement scolaire et leur localisation dans les lycées en est le témoignage. Un seul enseignant de mathématiques est chargé de dispenser un programme fixé nationalement. Ces enseignants, recrutés parmi les professeurs titulaires de l'agrégation, se consacrent statutairement à cette unique charge d'enseignement et d'évaluation par opposition aux enseignants chercheurs universitaires. Par ailleurs, les performances des étudiants sont contrôlées nationalement par le système des concours d'entrée dans les écoles d'ingénieurs. Bien qu'il soit non officiellement établi, le classement des niveaux de difficulté de ces concours est bien connu des enseignants et des étudiants de CPGE. Un étudiant de CPGE dispose ainsi d'une formation standardisée au niveau national, ce qui est moins le cas d'un étudiant de Licence. Par ailleurs, le processus de sélection auquel sont soumis ces étudiants dès l'entrée en CPGE contribue au fait qu'ils constituent en moyenne des étudiants plus brillants dans la discipline mathématique[53].

La culture – le culte ? - du concours en France ne s'arrête pas là. Les concours d'entrée dans les corps d'enseignants de la fonction publique d'État influent également sur les contenus pédagogiques des formations qui y mènent. Le concours de l'agrégation se prépare en une année après l'obtention de la Maîtrise/Master 1 et constitue la voie de recrutement des professeurs de lycée et des CPGE. Le concours du CAPES qui recrute les enseignants des lycées et collèges se prépare en une année après la Licence. Le programme de ces concours est fixé nationalement par des commissions ministérielles. La mentalité majoritaire actuelle tend à orienter les formations en mathématiques à l'université vers ce type de débouché. Cela est partiellement dû à un marché du travail où les diplômés des écoles d'ingénieurs sont préférés au détriment des diplômés des facultés de mathématiques. Les raisons en sont diverses : influence des cercles d'anciens élèves des écoles d'ingénieurs, niveau moyen plus élevé par le système de sélection, moyens financiers attribués par l'État à ce type de formation beaucoup plus importants que ceux consacrés aux étudiants de l'université. Le programme des concours d'enseignement tend donc à normer la formation en mathématique à l'ensemble des connaissances requises par le programme du concours : analyse, algèbre, géométrie, probabilités et statistiques, analyse numérique... Les proportions entre ces disciplines et les contenus enseignés dans chacune sont ainsi fixées. Les étudiants qui considèrent le métier d'enseignant comme débouché principal attendent d'être formés (uniquement) sur ces thèmes. La formation étant très peu différenciée entre les

---

[53] Les filières de formation des ingénieurs ne sont pas en Allemagne aussi sélectives qu'en France.

étudiants en France, par comparaison avec la situation en Allemagne, les possibilités sont alors réduites pour un étudiant de se former à des thématiques occasionnellement plus recherchées par le monde non académique. Certaines universités arrivent certes, par effet de taille, à diversifier le contenu de leur offre ; mais elles se fondent en cela sur un paysage universitaire très dense comme par exemple en région parisienne. Depuis l'introduction du LMD en France, l'offre d'enseignement supérieur en mathématiques est cependant en cours de diversification. Les formations de Master sont maintenant plus ciblées thématiquement et les débouchés, autres que l'enseignement, commencent à être pris en compte avec plus d'attention.

La grande liberté du Professeur d'Université en Allemagne

A contrario, l'Université allemande est très attachée à la liberté concédée au porteur du titre de Professeur. Celui-ci bénéficie non seulement d'une liberté de choix pour l'orientation de ses activités de recherche, comme en France, mais également d'une liberté didactique, beaucoup plus importante qu'en France. Les cours de base (*Grundstudium)* obligatoires doivent nécessairement être assurés. L'institut (ou le département ou la faculté) de mathématiques organise la répartition de ces cours obligatoires, proposés à échéance régulière afin que tout étudiant puisse réaliser le début de sa formation dans les temps impartis. En ce qui concerne les cours plus avancés du type *Master/Hauptstudium,* aucune règle n'est de mise. Les professeurs sont responsables pour eux-mêmes et pour le personnel enseignant chercheur de leur chaire, du choix des cours proposés. L'offre de formation supérieure est ainsi moins organisée par l'institution, plus diverse et moins stable dans le temps qu'en France. La norme est assurée par l'orientation thématique de l'enseignant chercheur et par la

collégialité de l'ensemble des professeurs. Ainsi, si rien n'interdit formellement à un professeur d'algèbre de délivrer un enseignement de géométrie, il est probable que son éventuel collègue responsable de la géométrie n'accueillera pas cette nouvelle chaleureusement. Le département de mathématiques peut également faire pression pour éviter cette déperdition des moyens. Malgré cela, il n'est pas rare de trouver des enseignements doublons où les différences d'approche et de point de vue sont subtiles et difficiles à saisir a priori pour des étudiants. Une telle situation est en France inacceptable actuellement. Les enseignements sont gérés par une commission qui répartit, selon certaines règles décidées localement, les enseignements à effectuer au sein des formations habilitées par le ministère, comme évoqué ci avant. Cette liberté de contenu qui règne en Allemagne est un avantage pour les très bons étudiants et un grand inconvénient pour les étudiants moyens. Un bon étudiant en Allemagne peut se spécialiser précocement et peut aisément suivre de nombreux cours et séminaires proposés par une chaire. Cette liberté est cependant un frein pour les étudiants moyens qui se perdent entre les différentes thématiques.
Bien plus, puisque aucune organisation à moyen/long terme n'est prévue par l'institution, rien ne permet à l'étudiant de savoir par exemple que le cours de géométrie de Master 1 sera dispensé tel semestre. Il lui est donc difficile de prévoir et d'organiser efficacement le déroulement de ses études. Même les professeurs ne peuvent pas toujours anticiper à moyen terme quels enseignements leur chaire aura les moyens humains et financiers de délivrer. Pour cette raison également, le temps moyen d'études est en Allemagne plus long qu'en France : en moyenne, deux à trois années de plus. Il y a d'une part, la difficulté pour l'étudiant d'organiser son cursus de façon optimale, et d'autre part, le manque - déjà évoqué - de contrôle régulier des connaissances et de pression ambiante sur les étudiants.

Conclusion

La France et l'Allemagne structurent dorénavant leur système de formation universitaire en Licence, Master et Doctorat. Une certaine harmonisation est donc bien en marche. Comme cela a été souligné, la pratique connaît cependant encore de nombreuses différences et même une hétérogénéité accrue sur le territoire français historiquement homogène. Les universités s'inscrivent dans une tendance émergeante en Europe qui, sous des concepts fédérateurs, redonne une plus grande autonomie au niveau local.

En ce qui concerne les modalités de contrôle des connaissances, l'hétérogénéité demeure et s'accroît. La réponse au bien-fondé de cette évolution est d'ordre culturel : l'Allemagne privilégie la liberté individuelle de l'enseignant et de l'étudiant qui sont en France inféodés à une certaine conception du sacro-saint principe révolutionnaire d'égalité.

Certaines spécificités des mathématiques ont été présentées comme le style plus ou moins scolaire du cours magistral, des travaux dirigés, l'intensité de l'encadrement des étudiants tout au long de leur cursus. Elles seraient à développer au sein d'une analyse pédagogique. Dans ce domaine également se font sentir les influences identitaires nationales.

Enfin, la procédure de choix des contenus des enseignements s'inscrit dans la culture nationale : liberté et responsabilité individuelle de l'enseignant en Allemagne par opposition à une organisation collégiale et scolaire, donc standardisée, en France. Une nette différence apparaît au niveau de la formation supérieure, en particulier au niveau Master : une spécialisation plus marquée et rapide en Allemagne, un encadrement plus grand en France de l'étudiant vers une formation plus universelle au sein de la discipline. La voie médiane raisonnable qui semble émerger sera probablement une évolution des *Bachelor* allemands

vers une organisation plus rigide et encadrée à la française alors que les formations de Master devraient évoluer vers un modèle à l'allemande, plus souple dans ses contenus et dans ses modalités d'obtention.
En situant le processus d'harmonisation européenne des systèmes d'enseignement supérieur par rapport à des problématiques d'éducation comparée, cet article a pour but d'illustrer les difficultés que revêt la mise en pratique des volontés politiques. Il apparaît important de développer l'éducation comparée, en particulier dans ses spécificités disciplinaires, pour accompagner le processus de décision et de réglementation politiques. D'une part, les différences mieux identifiées – ainsi que leurs causes - seront plus facilement aplanies ou reconnues comme des particularismes politiquement défendables. D'autre part, les propositions de réforme en matière d'organisation ou de pédagogie pourront se nourrir des autres pratiques culturelles en la matière. Avec l'élargissement européen et l'entrée des pays de l'ancien bloc soviétique - ce qui, en mathématiques, n'est pas sans être chargé de signification - gageons que beaucoup reste à faire.

Références

[1] European University Association http://www.eua.be/
[2] Le réseau d'information sur l'éducation en Europe http://www.eurydice.org/
[3] Rapport d'information sur l'enseignement supérieur en Europe http://www.assemblee-nationale.fr/12/europe/rap-info/i1927.asp#P386_43377
[4] Site du ministère de l'Éducation nationale française http://www.education.gouv.fr/cid8/organisation-licence-master-doctorat-l.m.d.html

Démonstration, raisonnement et validation dans l'enseignement secondaire des mathématiques en France et en Allemagne

Cabassut Richard
IREM Université de Paris 7

Nous rendons compte d'une recherche[54] utilisant une approche comparative franco-allemande sur la validation des assertions dans l'enseignement secondaire des mathématiques autour des conjectures de recherche suivantes : la validation est un objet à enseigner et un objet d'enseignement ; la validation dans l'enseignement est la double transposition de la validation mathématique et de la validation non mathématique ; les variations d'institutions, d'organisations mathématiques et d'organisations didactiques permettent d'expliquer des variations dans l'enseignement de la validation. Nous insistons dans ce compte rendu sur l'approche comparative, même si elle n'est pas l'objet essentiel de l'étude.
L'approche comparative met en cause l'ordre naturel des choses au sein d'une institution et favorise le questionnement écologique : « Pourquoi ceci ? Pourquoi pas cela ?». Nous utilisons le cadre de la théorie anthropologique du didactique qui « situe l'activité mathématique, et donc l'activité d'étude en mathématiques, dans l'ensemble des activités humaines et des institutions sociales » (Chevallard 1999, p. 223). Ce cadre théorique permet de mieux décrire deux variations institutionnelles relatives au savoir autour du raisonnement de validation : d'une part, une variation entre les institutions de la vie

[54] Recherche conduite de 1999 à 2005 au laboratoire Didirem de PARIS 7, sous la direction de Bernard Parzysz.

quotidienne et les institutions mathématiques avec un point de rencontre dans les institutions d'enseignement des mathématiques, d'autre part, une variation dans les institutions d'enseignement des mathématiques entre la France et l'Allemagne qui permettra de contraster les techniques et les technologies utilisées dans les tâches de validation des institutions d'enseignement. Du fait de l'organisation fédérale de l'enseignement secondaire allemand, nous limitons notre observation principalement à un seul *Land*, le Bade-Wurtemberg, et essentiellement à la filière collège-lycée d'enseignement général français et au *Gymnasium* de forme normale du Bade-Wurtemberg.

Quatre études répondent aux questions de recherche : une comparaison de réflexions et de recherches sur la validation ou sur des comparaisons franco-allemandes, qui permet notamment de dégager une typologie de la validation et de ses fonctions; une comparaison de programmes d'enseignement et de textes officiels d'accompagnement, indiquant si la validation est un objet à enseigner et quelles en sont ses caractéristiques; une comparaison de la validation dans des manuels scolaires qui confirmera que la validation peut être un objet d'enseignement, lieu de la double transposition de la validation mathématique et de la validation non mathématique; une comparaison de productions d'élèves qui permettra d'illustrer des différences de techniques et de contrats, pour une même tâche avec des technologies disponibles semblables.

Différentes méthodes comparatives

Dans l'étude documentaire sur les programmes et sur les textes officiels, nous effectuons à la fois une étude diachronique des années 1970 à nos jours, et une étude synchronique des programmes actuels des différents types d'école (collège, lycée, *Hauptschule*, *Realschule* et

Gymnasium). Ces deux études permettent de mieux comparer des pays dans lesquels les évolutions ont des temps différents et montrent que la démonstration est actuellement désignée comme objet à enseigner en collège-lycée et en *Gymnasium*.

L'étude des manuels scolaires procède d'une méthode clinique. Au point de vue méthodologique, nous choisissons la collection de manuels de classe la plus répandue en *Gymnasium* du Bade-Wurtemberg, d'après les avis convergents des experts consultés ; nous sélectionnons un objet à étudier (par exemple une leçon sur la démonstration ou la validation d'un théorème de cours donné) et nous étudions cet objet dans les livres où il apparaît ; puis en application du principe de dialectique différences-similitudes (inspiré de [Clarke 2004]) nous cherchons une étude semblable dans un manuel français de collège ou de lycée. Si nous trouvons le même objet traité de manière semblable dans un manuel pour chaque pays, nous comparons ces traitements en essayant de dégager et d'expliquer les éléments de similitude. Mais nous essayons également de les contraster et d'essayer de faire apparaître des différences que nous pourrions expliquer notamment à partir de la composante nationale. Si nous ne trouvons pas de traitement semblable du même objet, nous comparons alors les deux traitements en essayant d'expliquer les différences et de relever éventuellement des points communs permanents.
On montre que la démonstration apparaît clairement comme un objet d'enseignement dans au moins un manuel de chaque pays.
On choisit différents théorèmes suivant les variables suivantes : positions relatives, selon le pays, du moment de première validation du théorème, position relative de première validation du théorème par rapport à la classe de quatrième ou à la classe 8 où la démonstration est

introduite, domaine mathématique du théorème, technologie mathématique mobilisable ou non.

L'étude des productions d'élèves combine méthodes qualitatives et quantitatives.
Illustrons la méthode supra-linguistique d'analyse du discours qui permet de le quantifier.
Il a été demandé à des classes françaises (3ème et Seconde) d'Alsace et allemandes (classes 10 et 11) du Bade-Wurtemberg de rédiger une démonstration correspondant à un même énoncé (formulé dans les langues maternelles respectives). Le choix de l'énoncé a été effectué par une commission franco-allemande qui s'est assurée que les élèves disposaient des techniques mathématiques pour rédiger une démonstration. Chaque copie correspond à une classe différente (et donc à un professeur différent). Chaque copie a été corrigée par deux correcteurs.
Nous allons donc constituer la population des copies françaises, notée F, avec les 23 « meilleures » et celle de la population des copies allemandes, notée A, constituée des 23 « meilleures » copies. Rappelons que F et A ne sont pas des échantillons représentatifs de copies d'élèves français, et d'élèves allemands et que l'intention est d'étudier les démonstrations correctes (et non pas d'étudier les erreurs produites par les élèves). Une étude qualitative permet de dégager deux prototypes de démonstration.

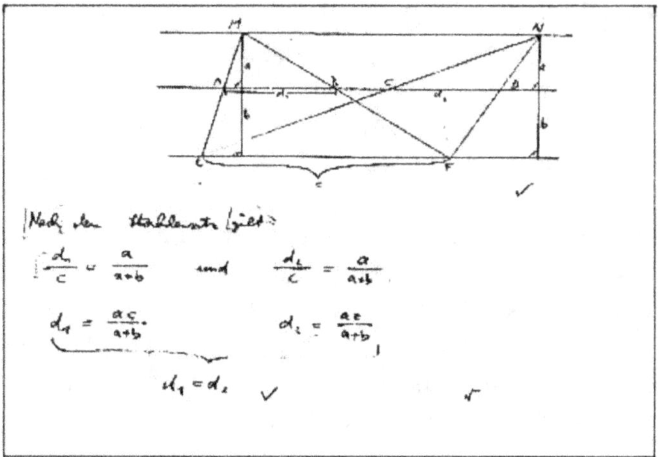

Nach den Strahlensätzen gilt:

$\frac{d_1}{c} = \frac{a}{a+b}$ und $\frac{d_2}{c} = \frac{a}{a+b}$

$d_1 = \frac{ac}{a+b}$ $d_2 = \frac{ac}{a+b}$

$d_1 = d_2$

Copie allemande

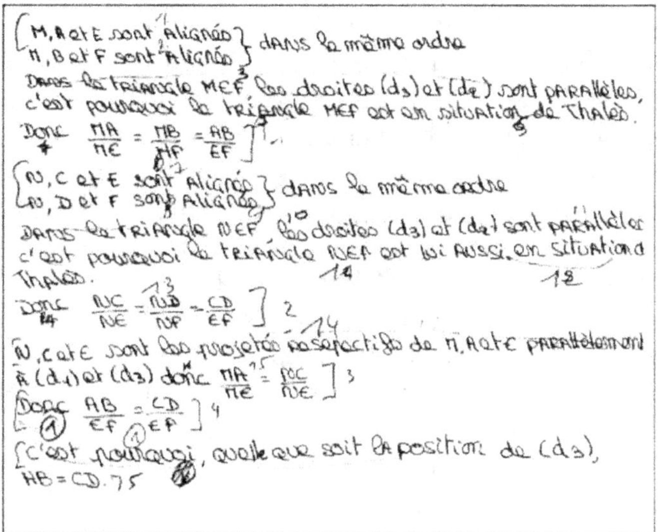

M, A et E sont alignés
N, B et F sont alignés } dans le même ordre
Dans le triangle MEF, les droites (d3) et (d2) sont parallèles, c'est pourquoi le triangle MEF est en situation de Thalès.
Donc $\frac{MA}{ME} = \frac{MB}{MF} = \frac{AB}{EF}$
N, C et E sont alignés
N, D et F sont alignés } dans le même ordre
Dans le triangle NEF, les droites (d3) et (d2) sont parallèles c'est pourquoi le triangle NEF est lui aussi en situation de Thalès.
Donc $\frac{NC}{NE} = \frac{ND}{NF} = \frac{CD}{EF}$
N, C et E sont les projetés respectifs de M, A et E parallèlement à (d1) et (d3) donc $\frac{MA}{ME} = \frac{NC}{NE}$
Donc $\frac{AB}{EF} = \frac{CD}{EF}$
C'est pourquoi, quelle que soit la position de (d3), AB = CD.

Copie française

On observe dans la copie allemande la domination du registre algébrique symbolique et le recours à la figure, avec codage de la figure.
Dans la copie française, on observe l'absence de figure et l'importance du recours au registre écrit et une grande expansion du discours.
On souhaite vérifier par des méthodes quantitatives si ces caractéristiques sont liées aux populations F et A. En effet, on trouve des copies des deux types dans F et A. L'étude statistique montre que le recours à la figure est significativement plus fréquent dans une copie allemande que française. Il faut définir une mesure de l'expansion du discours qui ne soit pas basée sur le nombre de mots. En effet « le théorème de Thalès » compte pour quatre mots en français et pour deux mots en allemand (« *der Strahlensatz* »). On distingue les unités démonstratives suivantes dans la formulation d'un argument : le contexte de l'argument (par exemple : dans le triangle MEF), les entrées de l'argument ou données (par exemple : « les points M,A,E sont alignés », « (AB)//(EF) », la citation de la règle d'argument (par exemple : d'après le théorème de Thalès), une sortie de l'argument ou conclusion (par exemple : « on a les rapports MA/ME=MB/MF=AB/EF » compte une unité », un ajout de données (par exemple « on trace une droite perpendiculaire à d2 et qui passe par M »).
L'étude statistique montre que l'écart entre les copies françaises et les copies allemandes du nombre d'unités démonstratives en géométrie est significatif, alors qu'il ne l'est pas en algèbre. En géométrie, la citation du contexte et la citation de l'entrée d'argument sont significativement plus fréquentes tandis que l'écart n'est pas significatif pour la citation de la règle d'argument. En revanche, en algèbre, la citation de la règle d'argument est significativement plus fréquente dans les copies allemandes. Ces différences illustrent des contrats didactiques qui développent différentes techniques et fonctions de la preuve dans un cas

où les technologies mathématiques disponibles sont les mêmes.
Cependant il serait imprudent de généraliser l'observation sur les échantillons comme révélant l'existence de styles nationaux, compte tenu du rôle important du contexte de la tâche et du caractère non représentatif des échantillons. Ici, l'approche comparative permet de mettre en évidence des contrats didactiques différents, sans avoir pour ambition de les relier à des styles nationaux. Ce qui est important, c'est que les enseignants soient conscients des variations de contrats pour mieux en gérer les implications.

Conclusion

Les validations de l'enseignement des mathématiques sont la double transposition des démonstrations de l'institution mathématique (qui produit le savoir) et des validations, argumentations ou preuves, d'autres institutions (comme la « vie quotidienne »). L'étude des programmes du collège-lycée en France, et du *Gymnasium* en Bade-Wurtemberg, confirmée par l'étude de manuels, montre que la démonstration est devenue explicitement un objet à enseigner, contrairement aux cas des *Hauptschule* et *Realschule*. Ces programmes recommandent l'usage de différents types de validation (argumentation, preuve) et d'arguments (pragmatiques, sémantiques, syntaxiques) suivant leurs fonctions et les moments ; on retrouve dans des leçons sur la démonstration l'influence des fonctions de la validation dans les différents genres de tâche (découvrir, contrôler, changer de registres...). Malgré les difficultés linguistiques, institutionnelles et culturelles liées à la comparaison, l'examen des validations de théorèmes de cours dans les manuels et de démonstrations produites par des élèves montre des similitudes quant à la cohabitation des différents types d'arguments et différentes fonctions de la validation. On observe des différences sur les types de technologie ou de technique mis en œuvre et sur le poids donné aux types d'arguments et aux registres utilisés, avec une explication liée aux conditions institutionnelles (moment considéré, contrat, fonction privilégiée, organisation de l'enseignement ...).

Bibliographie détaillée disponible dans :

- Cabassut Richard (2005), *Démonstration, raisonnement et validation dans l'enseignement secondaire des mathématiques en France et en Allemagne,* Thèse, IREM Université de Paris 7, téléchargeable sur : http://tel.ccsd.cnrs.fr/documents/archives0/00/00/97/16/index_fr.html
- Cabassut Richard (2006), « Beweisen in Schulbüchern in Frankreich und Baden-Württemberg », *Gesellschaft für Didaktik der MathematikOsnabrück,* mars 2006, téléchargeable le 03/08/06 sur : http://www.ikm.uos.de/gdm2006/gdm2006_osnabrueck_beitraege_kf06.pdf
- Cabassut Richard (2007), Examples of comparative methodologies in the teaching of mathematics in France and in Germany, in *Proceedings of 5th Cerme (congress of European society for research in mathematics education)*, Larnaca, Cyprus, téléchargeable sur : http://www.cyprusisland.com/cerme/group15.htm-
- Chevallard Yves (1999), L'analyse des pratiques enseignantes en théorie anthropologique du didactique, *Recherches en Didactique des Mathématiques*, Editions La pensée sauvage, vol.19 n°2, pp. 221-266.
- Clarke David (2004), "Issues of Voice and Variations : The Problematics of International Comparative Research in Mathematics Education", paper submitted to discussion group 11 : International comparaisons in mathematics education (ICME 10), Copenhagen, Denmark, July 4-11, 2004.

Regards croisés sur l'enseignement de l'histoire des mathématiques dans trois continents

Andrea Bréard
Université des Sciences et Technologies de Lille

Introduction

Cet article représente une réflexion personnelle sur mon expérience de l'enseignement de l'histoire des mathématiques dans des aires géographiques et culturelles distinctes. Il n'a pas été écrit avec l'intention de montrer ou d'expliquer des différences internationales en termes de performances ou de compétences mathématiques. Ce sujet a fait couler beaucoup d'encre dans des revues de psychologie transculturelle. Les travaux de recherche en Amérique se sont plus particulièrement concentrés sur une comparaison sino-américaine.[55] Partant du constat que les élèves chinois ou plus généralement est-asiatiques obtenaient de meilleurs résultats que les élèves américains dans presque toutes les catégories mesurées, l'explication qui en a été typiquement trouvée était purement culturelle. L'un des problèmes de cette interprétation est non seulement qu'elle suppose une grande homogénéité culturelle parmi les élèves, mais aussi qu'elle ne prend pas en compte la dynamique spécifique qui se crée entre chaque enseignant et sa classe, composée d'individus de différentes origines socio-culturelles.

---

[55] Voir par exemple [Geary et al. 1992], [Geary 1996] et un numéro spécial de *Psychology in Schools* dédié à des rapports d'un voyage en Chine de psychologues et d'enseignants américains de la commission Fulbright. Voir l'introduction in [Zhou & Peverly 2005a] et les articles concernant les mathématiques [Moy & Peverly 2005] et [Zhou & Peverly 2005b].

Après avoir reçu une éducation mathématique du primaire au supérieur en Allemagne, puis en histoire des mathématiques en Chine, en Allemagne et en France, j'ai enseigné après ma thèse l'histoire des mathématiques dans des universités en France, en Chine et aux États-Unis. Sans pour autant vouloir nier des différences culturelles au niveau des pratiques d'apprentissage des mathématiques, des institutions,[56] des systèmes linguistiques de numération et des valeurs culturelles placées sur l'éducation et en particulier sur l'éducation scientifique, mon expérience personnelle en classe a tendance à me faire penser que c'est toujours une nouvelle et autre dynamique qui se met en place entre l'enseignant et les étudiants, une nouvelle relation qui doit se créer et qui sera déterminante pour le déroulement des enseignements et l'atteinte des objectifs d'un cours.

Mon article sera donc conçu comme une série d'observations personnelles dans trois continents le long de trois axes qui me semblent agir de manière significative sur l'établissement d'une dynamique enseignant/étudiants : jouer – travailler – communiquer. Mes observations se basent d'ailleurs sur l'enseignement d'un même cours sur deux années consécutives dans le même contexte. Une véritable comparaison de l'enseignement de l'histoire des mathématiques dans différentes cultures me serait impossible, car mes enseignements se sont déroulés dans des contextes bien distincts. Il convient donc de décrire dans un premier temps les différents cadres dans lesquels se sont déroulés mes cours en France, en Chine et aux États-Unis avant de rapporter de manière anecdotique ce que j'y ai pu observer.

---

[56] L'institutionnalisation des mathématiques en Chine ne s'est faite qu'à la fin du XIXe siècle. Voir [Li 1005].

Préliminaire : les contextes

En France, j'assure des enseignements de l'histoire des mathématiques au sein d'un département de mathématiques au niveau licence. Il s'agit d'une option que les étudiants peuvent choisir en première année, deuxième année et troisième année. En première et en deuxième année, l'histoire des mathématiques représente le tiers d'un semestre d'un cours avec TD intégrés d'histoire des sciences (4h/semaine), tandis qu'en troisième année le semestre entier est consacré à l'histoire d'une discipline mathématique avec douze semaines de cours (2h/semaine) et de TD (2h/semaine). Ce dernier cours permet donc un travail plus intense et continu que les autres. Ces deux dernières années, j'avais environ 30 à 40 étudiants en première et en deuxième année, et environ 90 étudiants répartis en trois groupes de TD en troisième année. Par ailleurs, je suis également intervenue dans plusieurs séances d'un cours d'histoire des sciences dans le cadre du Master Spécialité *Journalistes et Scientifiques*. Le groupe d'une dizaine d'étudiants étant composé en général de personnes qui ont déjà une expérience professionnelle comme scientifiques et qui souhaitent se convertir au journalisme.

Aux États-Unis, plus précisément à New York, il règne depuis quelques années une pénurie d'enseignants en particulier en mathématiques, dans le primaire et le secondaire. Un programme spécifique - *New York City Teaching Fellows* - a donc été établi en 2000 pour recruter et former du personnel ; depuis, plus de 8000 *Fellows* ont été formés à enseigner dans les écoles publiques de New York. Ce programme permet à tous les professionnels ou jeunes diplômés qui ont décidé de changer leurs vies, d'enseigner dans des écoles qui ont un besoin urgent d'enseignants. La majorité des *Fellows* commencent avec peu ou aucune expérience d'enseignement ; un diplôme et/ou une expérience professionnelle en lien avec les mathématiques est néanmoins pré-requis. Après un programme intense de cours préliminaires d'environ deux mois, les candidats commencent à enseigner les mathématiques et poursuivent en parallèle (le soir et en été) une formation Master subventionnée par la ville.[57] C'est dans ce contexte que j'ai enseigné durant deux étés un cours optionnel d'histoire des mathématiques (4 semaines de 12h de cours par semaine) à une trentaine de personnes, des anciens architectes, actuaires, ingénieurs, *Wall Street brokers*, et autres. Devant faire face à une grande diversité ethnique (que les enseignants retrouvent aussi dans leurs écoles), j'ai mis beaucoup l'accent dans mon cours sur la diversité culturelle des approches de la numération, des objets géométriques et des méthodes algébriques.

Je n'ai qu'une expérience très brève de l'enseignement supérieur en Chine. En mission en 2007 pour recruter des futurs étudiants pour un Master de Mathématiques, j'étais en charge d'un mini-cours d'une semaine (3h/jour). Une dizaine d'étudiants étaient inscrits en quatrième année de mathématiques, présélectionnés par l'université de Wuhan pour éventuellement partir en France, et suivaient des cours intensifs de français depuis un an. Parlant moi-même couramment le chinois et craignant que leur niveau de français ne leur permît pas encore de suivre trois heures de cours de mathématiques en français, j'ai choisi de leur faire un cours d'histoire comparative des mathématiques. Comparant ainsi l'approche axiomatique et déductive des Grecs avec l'approche algorithmique en Chine ancienne, j'ai pu travailler à moitié avec des documents en chinois classique, à moitié avec des traductions en français de textes grecs.

---

[57] Voir le site http://www.nyctf.org/whocanbe/math_teach.html pour plus d'informations sur le programme.

Ce n'est donc qu'en Chine que j'étais face à des étudiants qui n'avaient pas choisi de suivre mes enseignements, et pour qui les résultats de ce cours devaient être décisifs sur leur futur. En France et aux Etats-Unis, mes cours étaient optionnels. A New York cependant, je faisais chaque année lors de mon premier cours une petite enquête pour connaître les motivations des étudiants. Les réponses varient entre « ça collait bien avec mon emploi de temps », « je suis fascinée par l'émergence des concepts », « je déteste l'histoire mais je pense que c'est plus facile d'y obtenir une bonne note qu'en analyse » et « je cherche des histoires cools à raconter à mes élèves ».[58]

L'objectif de mes cours n'est évidemment pas de "raconter des histoires" aux étudiants de mathématiques. Mes objectifs sont plutôt déterminés par le fait que l'enseignement de l'histoire des mathématiques est intégré dans les filières scientifiques de l'enseignement supérieur – une intégration d'ailleurs souvent regardée d'un œil critique par les mathématiciens. Travaillant très proche des textes anciens, j'analyse avec mes étudiants des problèmes mathématiques standards qui ont été étudiés sous diverses formes pendant des siècles, voire des millénaires. Résoudre ces problèmes peut être considéré comme une expérience authentique en histoire des mathématiques et un moyen de jouer le rôle d'un mathématicien ou d'un étudiant de mathématiques de périodes historiques variées. Donc, même si un cours d'histoire des mathématiques est différent d'un cours traditionnel de mathématique, on peut à travers un tel enseignement apprendre des mathématiques. Le but est, entre autres, d'acquérir une meilleure maîtrise des techniques mathématiques déjà rencontrées dans

[58] Pour le démarrage de mes cours, je me suis inspirée des réflexions de [Krantz 1999] Chapitre 3.4. *Breaking the Ice*: "The first day of class is simultaneoulsy a day of happy anticipation and a day of stress." (pp. 95-96).

l'apprentissage standard, de voir les liens entre les disciplines mathématiques dont la frontière n'était pas encore bien délimitée avant l'âge moderne, et d'apprendre à apprécier l'ingéniosité de nos prédécesseurs, qui n'avaient pas les mêmes outils ni les mêmes ressources à leur disposition.

Un bel exemple sera décrit dans la prochaine section. Il provient de l'arithmétique chinoise avec les baguettes à calcul – outil dynamique qui permet d'autres modalités de calcul que le calcul écrit. C'est un terrain d'expérimentation idéal et ludique pour illustrer l'importance d'un système de numération positionnel et décimal. J'ai aussi choisi cet exemple, car ce module de mes cours est souvent parmi les plus réussis en termes de motivation et de participation des étudiants.

1. Jouer : calculer avec un outil ancien

Dans presque tous mes enseignements, j'ai besoin d'introduire les outils qui sont à la base des algorithmes en Chine ancienne. Il s'agit en particulier d'une arithmétique à l'aide de baguettes à calcul (remplacées en cours par des allumettes), pratiquée sur une surface et ne laissant quasiment pas de trace d'étapes intermédiaires des calculs. Je procède en ateliers pour les problèmes de multiplication, de division et d'extraction de racine carrée. On observe les changements sur les lignes et positions décimales, en particulier l'opposition entre l'algorithme de la multiplication et de la division, et les liens avec une figure géométrique à la base de l'extraction de la racine carrée. Les étudiants développent souvent un esprit de compétition, essaient de calculer plus vite que le groupe voisin, ou se posent des défis avec des nombres de plus en plus grands – les moins motivés construisent des tours avec les allumettes… Le fait de toucher et de « jouer » avec un instrument de calcul représente non seulement une expérience authentique des mathématiciens de l'Antiquité en Chine, mais crée un espace de travail dans une atmosphère ludique qui permet de dynamiser le groupe d'étudiants et d'intensifier leur participation aux discussions.

Comparant le déroulement de ces ateliers en France, en Chine et aux États-Unis, j'étais surprise par l'aisance avec laquelle mes étudiants à Wuhan ont compris le sens des opérations des divers algorithmes, leur signification spécifique dans un système décimal. D'autres auteurs ont avancé des arguments linguistiques pour expliquer la meilleure familiarité des Chinois avec le système décimal :[59] au lieu d'utiliser des mots comme 'onze', 'douze', … 'eleven', 'twelve', … ou 'vingt', 'trente'…, 'twenty', 'thirty', … on exprime en chinois les nombres au-delà de dix par une simple composition 'dix-un' (*shi yi* 十一), 'dix-deux' (*shi er* 十二), … et les multiples de dix par 'deux-dix' (*er shi* 二十), 'trois-dix' (*san shi* 三十), etc. Cette dénomination des nombres souligne constamment le fait qu'on se trouve dans la base 10. Il est aussi probable que la familiarité des étudiants en Chine avec le boulier rende l'utilisation des baguettes à calcul plus accessible. D'un point de vue historique, les algorithmes qu'on trouve fréquemment pour le boulier dans des sources à partir du 16e siècle sont basés sur des procédures anciennes concernant les baguettes. Il y a donc une filiation entre les deux instruments et des similarités dans les opérations arithmétiques, qui permettent aujourd'hui aux étudiants de saisir rapidement la signification mathématique des manipulations à effectuer.

---

[59] Voir par exemple [Miller et al. 1995], [Wiese 2005].

Malheureusement, peu de modules de mes cours permettent une participation des étudiants aussi intensive que dans les ateliers de calculs à baguettes. C'est pour cette raison que j'ai mis en place des mécanismes de contrôle continu ou d'examens partiels qui obligent chaque étudiant à travailler intensément sur un sujet d'histoire des mathématiques. Je décrirai dans la section suivante les différentes options possibles en fonction du nombre d'étudiants et du nombre d'heures d'enseignement.

2. Travailler – et faire travailler

Vu l'impossibilité de traiter de manière exhaustive toutes les périodes historiques, toutes les cultures et problématiques épistémologiques, il est évident qu'un cours d'histoire des mathématiques ne peut que transmettre des connaissances très partielles. Il m'importe donc que les étudiants aient été sensibilisés plus globalement aux questions historiques et qu'ils aient approfondi en détail au moins un sujet précis.

Dans mes cours à New York - où j'ai seize séances à ma disposition et une trentaine d'étudiants-enseignants très motivés pour diversifier et compléter leurs enseignements des mathématiques à l'école - je demande à chacun (ou à chaque groupe de deux) de préparer une présentation orale d'une quinzaine de minutes. En se basant sur un article de recherche que je fournis, ils sont censés esquisser le contenu mathématique du sujet, présenter la problématique historique et proposer une manière d'intégrer ce sujet dans leurs enseignements dans le secondaire. Même si je suis les étudiants durant la préparation de leurs exposés, ces derniers sont souvent très surprenants pour tout le monde. J'ai vu des étudiants se plonger, de leur propre initiative, dans des manuels de *The Geometer's Sketchpad*[60] pour programmer une animation de la mesure du cercle par Archimède ou montrer les transformations des pavages du plan ; j'ai vu un exposé sur les liens entre mathématiques et musique accompagné par une guitare ou encore un panorama sur l'architecture moderne et la manière dont des principes mathématiques ont été (ou plutôt n'ont pas été) utilisés dans la conception des bâtiments. Ces présentations sont donc aussi pour moi une occasion de découvertes, elles démontrent la créativité de chacun et intensifient les contacts et les échanges intellectuels entre enseignant et étudiants.[61]

Dans mes cours en France,[62] je limite les « devoirs » à un résumé écrit de cours par semestre. A chaque séance sont désignés deux à trois étudiants qui rédigent un essai détaillé sur le sujet du cours. Ils doivent recourir à des ressources bibliographiques pour compléter leurs notes, et je reste à leur disposition - par messagerie électronique et durant les heures de permanence - pour toutes questions complémentaires. Le premier des deux dispositifs est souvent contourné par une recherche d'informations sur Internet, le deuxième n'est que très rarement utilisé en France – en fait, je ne vois essentiellement mes étudiants qu'autour de l'examen, fait que je commenterai dans la prochaine section. C'est probablement l'anonymat de l'examen écrit qui fait que la qualité des résumés demandés

---

[60] Logiciel de visualisation mathématique. Voir http://www.dynamicgeometry.com/.

[61] Ce lien manquait totalement en Allemagne où j'avais fait mes études des mathématiques sans avoir jamais eu une conversation individuelle avec l'un des professeurs. Le contrôle continu se faisait sous forme de devoirs à remettre par écrit une semaine avant les TD dans une boîte aux lettres.

[62] Ma présence en Chine et le délai pour sélectionner les étudiants étaient trop courts pour mettre en place un système semblable de contrôle continu.

n'a rien d'enthousiasmant pour l'enseignant (ni pour l'étudiant). Souvent rédigés sans soin, soumis avec du retard, et sans réflexions ou initiatives originales, ces travaux ne dynamisent pas les étudiants. C'est seulement lors de la séance sur laquelle l'étudiant doit écrire un compte rendu, que l'on observe sa participation active par des questions, des remarques ou des observations sur le contenu du cours. Chaque étudiant est ainsi amené à prendre la parole au moins une fois, ce qui permet de rompre le monologue de l'enseignant.

3. Communiquer : autour de l'examen

Last but not least, le sujet qui inquiète souvent les étudiants dès le premier cours et qui suscite le plus de questions de leur part : les modalités de l'examen. En histoire des mathématiques, l'angoisse de l'examen est aussi lié au fait que les étudiants suivent généralement pour la première fois un tel cours. Afin de les rassurer, je distribue un examen-type qui leur montre la nature des questions. Celles-ci font appel aux compétences mathématiques, analytiques et littéraires et varient entre exercices de transcription d'un algorithme ancien en langage symbolique moderne, calculs de plusieurs boucles d'un algorithme itératif ou discussions qui demandent la rédaction d'un court essai.

En Chine, où l'examen portait avant tout sur les mathématiques modernes - une question de topologie, une d'algèbre, une d'analyse, et une question discursive d'histoire – pour tester si le niveau des étudiants permettait une admission en Master, les candidats semblaient surpris que je ne leur indique pas le contenu précis de l'examen. Aux États-Unis, j'organisais une séance de révision. En France, les étudiants me contactent souvent juste avant l'examen par messagerie électronique ou viennent aux permanences pour poser des questions sur les travaux dirigés et les textes étudiés. Après l'examen, un corrigé est disponible en ligne ou distribué sous forme papier, et je n'ai en général que très peu de contact avec les étudiants après coup. Un étudiant américain m'a fait remarquer par mél que, contre la somme de 500$, il souhaiterait avoir une meilleure note…

Comparant les copies dans les différentes cultures où j'ai enseigné, il est notable qu'en Chine, les étudiants ne donnent pas toujours les étapes intermédiaires grâce auxquelles ils ont trouvé leurs résultats ; aux Etats-Unis, en revanche, la copie est remplie de notes en marge, sous forme de mélange de dessins et réflexions erronées. C'est à l'enseignant de trouver son chemin à travers un brouillon souvent non structuré !

Conclusion

Comme mentionné dès le départ, mes expériences professionnelles ne permettent ni une comparaison pertinente des enseignements de l'histoire des mathématiques dans différents continents ni un jugement sur les compétences mathématiques liées à des différences culturelles. Les contextes institutionnels variés et la multitude de provenances des étudiants exigent une adaptation permanente des modalités d'enseignement et du contenu de mes cours à la situation rencontrée. Mes efforts pédagogiques sont centrés sur l'initiation des étudiants à un dialogue. C'est seulement par leur participation active que je parviens à les motiver, à susciter leur intérêt et parfois leur fascination pour les origines et la beauté des mathématiques. La réussite de ma démarche dépend de l'état psychologique de chaque individu et se situe donc en grande partie au-delà des différences culturelles. La création de liens plus personnels dans mes cours aux États-Unis, due au simple fait que je connais rapidement chaque étudiant par son prénom (les étudiants se connaissent aussi entre eux ainsi), fait que chacun trouve sa place spécifique dans le groupe et hésite moins à prendre la parole. Une telle dynamique enrichit l'enseignement ainsi que l'étude et la découverte des mathématiques.

Pour l'enseignant, la différence est énorme entre un cours qui se termine par des étudiants qui quittent la salle sans dire un mot, et un cours qui se termine par des propositions comme « Professor, Professor, can I carry your bag ? ».

Bibliographie

Geary, David C. [1996]. "International Differences in Mathematical Achievement: Their Nature, Causes, and Consequences." *Current Directions in Psychological Science* 5 (5), 1996, 133 – 137.

Geary, David C.; Liu Fan and Bow-Thomas, C. Christine [1992]. "Numerical Cognition : Loci of Ability Differences Comparing Children from China and the United States." *Psychological Science* 3 (3), 1992, 180 – 185.

Krantz, Steven G. [1999]. *How to Teach Mathematics.* Providence, RI : AMS, 1999².

Li Zhaohua 李兆華 (éd .) [2005]. *Zhongguo jindai shuxue jiaoyu shigao* 中國近代數學教育史稿 (A Concise History of Mathematical Education in the Late Qing Dynasty). Jinan : *Shandong jiaoyu chubanshe* 山東教育出版社, 2005.

Miller, Kevin F.; Smith, Catherine M.; Jianjun Zhu et Houcan Zhang [1995]. "Preschool Origins of cross-national Differences in Mathematical Competence : The Role of

Number-Naming Systems." *Psychological Science* 6 (1), 1995, 56-60.

Moy, Robert & Peverly, Stephen T. [2005]. "Perceptions of Mathematics Curricula and Teaching in China", *Psychology in Schools* 42 (3), 2005, 251-258.

Wiese, Heike [2007]. The co-evolution of number concepts and counting words, *Lingua* 117 (5) *Linguistic perspectives on numerical expressions*, May 2007, 758-772.

Zhou, Zheng & Peverly, Stephen T. [2005a]. "Introduction to the Special Issue on Culture and Psychology: Fulbright Psychologists and Educators in China", *Psychology in Schools* 42 (3), 2005, 229-231.

Zhou, Zheng & Peverly, Stephen T. [2005b]. "Teaching Addition and Subtraction to First Graders: A Chinese Perspective", *Psychology in Schools* 42 (3), 2005, 259-272.

COLLOQUES

Libres réflexions à propos du colloque franco-finlandais sur l'enseignement des mathématiques à partir de l'enquête « PISA 2003 » [63]

Gérard Kuntz,
membre du comité scientifique des IREM[64]

L'exceptionnelle réussite[65] des adolescents finlandais de quinze ans dans l'évaluation « PISA 2003 »[66] a d'abord suscité en France l'étonnement, puis une foule d'articles de presse cherchant à en expliquer les raisons - et par contraste, à souligner nos résultats plutôt modestes -. La Société Mathématique de France (SMF) et la Société de Mathématiques Appliquées et Industrielles (SMAI) ne pouvaient rester indifférentes et se sont interrogées. Elles ont organisé avec leur homologue finlandaise (la Société Mathématique de Finlande) un colloque sur l'enseignement des mathématiques dans les deux pays, à partir des résultats de l'enquête PISA. Le programme de ces journées et une

[63] Il s'est tenu du 6 au 8 octobre 2005, à l'Institut finlandais (les deux premiers jours), puis à l'IHES (Institut des hautes études scientifiques) à Bures sur Yvette.

[64] Cet article est paru dans *Le bulletin de l'APMEP*, n° 462.

[65] Antoine Bodin précise : « C'est une perception médiatique. La différence de 37 points en faveur de la Finlande (548 contre 511 pour la France) cache le fait qu'il s'agit d'une différence de 0.33 points de déviation standard sur la distribution normale standard, en un point où la densité de probabilité est maximale. »

[66] Cette évaluation concerne les 30 pays membres de l'OCDE et 11 pays partenaires pour l'édition 2003. On en trouve la liste à la page 22 du texte qui figure en note 68.

partie des textes des interventions au colloque sont disponibles sur le site de la SMF[67].
Résumer des propos aussi denses, multiformes et parfois contradictoires, est mission impossible. Je me bornerai donc à préciser contours, limites et découvertes de PISA 2003, ainsi que certaines caractéristiques de l'école finlandaise qui, par contraste, pourraient aider la nôtre à évoluer.

Que mesurait précisément PISA 2003 ?

Un imposant rapport[68] de l'OCDE intitulé : *« Apprendre aujourd'hui, réussir demain »* précise les cinq domaines de l'investigation.

La culture mathématique

D'abord PISA cherche à évaluer *« la culture mathématique »* des élèves concernés. Elle la définit de la façon suivante : « Les programmes d'enseignement des mathématiques et des sciences dispensés pendant la plus grande partie du siècle dernier visaient essentiellement à donner à une poignée de mathématiciens, de scientifiques et d'ingénieurs les bases de leur formation professionnelle. Cependant, l'importance grandissante du rôle des sciences, des mathématiques et des technologies dans la vie moderne a changé la donne. Pour tous les adultes - et pas uniquement ceux qui aspirent à une carrière scientifique-, l'épanouissement personnel, l'emploi et la participation active à la vie de la société passent de plus en plus par une « culture » mathématique, scientifique et technologique.

---

[67] http://smf.emath.fr/VieSociete/Rencontres/France-Finlande-2005/
[68] Le texte intégral (500 pages) téléchargeable par chapitres se trouve à l'adresse :
http://www.pisa.oecd.org/document/29/0,2340,en_32252351_32236173_34023965_1_1_1_1,00.html

C'est la raison pour laquelle l'enquête PISA a retenu une notion de culture mathématique qui renvoie à la capacité des élèves d'analyser, de raisonner et de communiquer efficacement des idées lorsqu'ils posent, formulent et résolvent des problèmes mathématiques relevant d'un vaste éventail de situations en rapport avec l'espace, les quantités, les probabilités et d'autres concepts mathématiques. Le *Cadre d'évaluation de PISA 2003 — Connaissances et compétences en mathématiques, lecture, science et résolution de problèmes* (OCDE, 2003), dans lequel les pays énoncent les principes fondamentaux de la comparaison internationale des performances en mathématiques, définit la culture mathématique comme étant «...l'aptitude d'un individu à identifier et à comprendre le rôle joué par les mathématiques dans le monde, à porter des jugements fondés à leur propos, et à s'engager dans des activités mathématiques, en fonction des exigences de sa vie en tant que citoyen constructif, impliqué et réfléchi (OCDE, 2003) ».

En d'autres termes : quelles mathématiques, indispensables pour être à l'aise dans le monde d'aujourd'hui, un élève de quinze ans a-t-il apprises en suivant son parcours scolaire ? La question, certes importante, n'est pas la seule qui permette d'évaluer les qualités (et les faiblesses) d'une école... De nombreux articles de presse parus après la publication des résultats de PISA comportent d'emblée le contresens : de la modeste place de la France dans le palmarès, ils infèrent la médiocrité de son école et la faillite de son système éducatif !

Or, à quinze ans, certains élèves français sont en Seconde, d'autres en Troisième, voire en Quatrième. De quels programmes jugerait-on dans des situations aussi diverses ?

Et comment tenir compte simultanément des progressions en mathématiques dans les quarante et un pays participant à l'enquête ?

La compréhension de l'écrit et les performances en sciences[69]

PISA s'est attachée à évaluer la compréhension de l'écrit et les performances en sciences des élèves de quinze ans. Cette partie de l'enquête fut très peu évoquée au colloque, certes consacré prioritairement aux mathématiques. Mais n'est-ce pas, au-delà d'un choix d'efficacité, l'aveu de la faible prise en compte par les enseignants de mathématiques[70], des liens entre mathématiques, langue et sciences ?
PISA précise sa démarche[71] dans ces deux domaines :

Mode d'évaluation de la compréhension de l'écrit

« La compréhension de l'écrit renvoie à la capacité des élèves d'utiliser l'écrit dans des situations de la vie courante. L'enquête PISA définit la compréhension de l'écrit comme suit : comprendre et utiliser des textes écrits, réfléchir à leur propos. Cette capacité devrait permettre à chacun de réaliser ses objectifs, de développer ses connaissances et son potentiel et de prendre une part active dans la société. Cette définition va au-delà du concept traditionnel de la lecture, à savoir le simple décodage et la compréhension littérale de l'écrit, et s'étend à des tâches plus appliquées. »

---

[69] Comme dans l'enseignement primaire en France, PISA ne classe pas les mathématiques parmi les sciences.
[70] En revanche, « la Main à la Pâte » insiste sur l'importance de la langue pour décrire, débattre et expliquer : chaque élève exprime ses observations scientifiques et ses conclusions avec ses propres mots, dans son cahier d'expériences. Cf. http://www.lamap.fr/?Page_Id=59.
[71] Pages 292 et 308 du texte de la note 68.

Performance des élèves en sciences

« Le volet de l'enquête PISA 2003 consacré aux sciences se concentre sur l'application des connaissances et compétences scientifiques dans des situations tirées de la vie réelle, et non sur l'assimilation de matières spécifiques du programme de cours. La culture scientifique est définie comme la capacité d'utiliser des connaissances scientifiques pour identifier les questions auxquelles la science peut apporter une réponse et pour tirer des conclusions fondées sur des faits, en vue de comprendre le monde naturel ainsi que les changements qui y sont apportés par l'activité humaine et de contribuer à prendre des décisions à leur propos.
Cette définition s'articule autour de trois dimensions : les concepts ou connaissances scientifiques, les processus scientifiques et, enfin, les situations ou contextes, dans lesquels les connaissances et processus scientifiques sont testés. »

Une fois encore, on ne teste que les aspects de ces deux domaines qui touchent à la capacité d'évoluer à l'aise dans une société technique, scientifique et de « communication ». C'est peu, mais en deçà, le citoyen est démuni face à la complexité du monde actuel… Or, plus de 20% des garçons et de 10% des filles testés en France sont situés au bas de l'échelle de compréhension de l'écrit (niveau 1 et en deçà, sur une échelle à 5 niveaux)… A titre de comparaison, les chiffres finlandais sont respectivement de 8 % et de 2%.

L'apprentissage des élèves : attitudes, engagements et stratégies

Une des originalités de l'enquête porte sur les aspects psychologiques de l'apprentissage. Intérêt et plaisir des mathématiques, sentiment d'appartenance à l'école, image de soi, anxiété vis-à-vis des mathématiques, stratégies d'apprentissage, aucun aspect des perceptions subjectives n'a été négligé. Le colloque s'en est fait l'écho en se penchant sur « le stress en mathématique : effet de genre chez les élèves de quinze ans ». Les enseignants français devraient s'intéresser de près aux résultats de ce chapitre. Il souligne en effet certaines caractéristiques inutilement « anxiogènes » de notre école et le développement de stratégies de mémorisation au détriment de la compréhension.

Les variations de la performance des élèves entre les établissements et l'impact du milieu socio-économique

Vient ensuite l'indispensable étude des différences de performance entre les établissements scolaires et de l'impact du milieu socio-économique. La France n'a pas souhaité répondre à la première[72]... En Finlande, ces différences sont insignifiantes.

Pour la seconde, les conclusions de PISA sont encourageantes et... contrastées : « Certains pays allient une performance élevée et une plus grande équité. Les élèves tendent à y afficher de bonnes performances quel que soit leur milieu socio-économique. D'autres pays enregistrent de fortes disparités socio-économiques et une performance inférieure à la moyenne ». L'étude détaillée du rapport est ici indispensable[73]. Il souligne la responsabilité déterminante des politiques scolaires et éducatives dans la réduction des inégalités. La France ne brille guère dans ce domaine.

---

[72] Voir rubrique « France » sur http://www.pisa.oecd.org/dataoecd/49/60/35188570.pdf à la page 241.

[73] Il s'agit du chapitre 4 du texte cité en note 68.

L'environnement d'apprentissage et l'organisation de l'enseignement

Ce chapitre prend en compte l'influence du climat scolaire, des politiques des établissements et des ressources investies dans l'éducation sur les performances des élèves. La France s'y distingue par un « silence assourdissant » face à des questions que tous les autres pays ont abordées. Silence des chefs d'établissement sur le « moral et l'engagement des enseignants ou des élèves », sur les « facteurs troublant le climat de l'établissement imputables aux élèves ou aux enseignants », sur les « méthodes d'évaluation et les performances en mathématiques », sur « l'impact des ressources sur la performance des établissements en mathématiques » etc. Qu'avons-nous donc à cacher[74] ? Heureusement, les élèves sont moins « aux ordres » que les chefs d'établissement ; ils livrent d'intéressantes informations qui atténuent l'impression détestable de « secret d'état ».

Le colloque n'a abordé qu'incidemment ces questions qui pèsent pourtant considérablement sur les apprentissages.

Les données collectées dans PISA 2003 permettent d'utiles comparaisons et participent à des prises de conscience indispensables. Les réactions d'élèves du monde entier face aux mêmes problèmes nous renseignent sur le type d'école que porte notre société, en termes de contenus et de méthodes pédagogiques. La manière dont ils ressentent leur vie à l'école obligatoire, leurs stratégies, leurs espoirs, leurs

---

[74] Antoine Bodin précise : « Selon Claude Thélot que je viens d'entendre sur ce point, l'OCDE aurait eu des exigences quasi-totalitaires. La France n'a pas à se laisser imposer des outils qu'elle n'a pas été en mesure de négocier. » Peut-être, mais ce « superbe isolement » marque mal !

angoisses, la grande variété de ces réactions dans différentes écoles du monde, tout cela nous interroge sur notre projet pour la génération montante. Mais PISA ne dit rien au-delà de la capacité à vivre à l'aise dans une société moderne. PISA ne cherche pas à évaluer l'aptitude des systèmes éducatifs à produire les scientifiques de bon niveau et les chercheurs dont les pays ont besoin dans la compétition mondiale. C'est une toute autre affaire (elle est essentielle) dont nous aurons à parler plus loin.

L'école « intégrée » et l'éducation de base en Finlande

« Les écoles intégrées offrent ce qu'on appelle en Finlande l'éducation de base. D'après l'acte sur l'éducation de base de 1998, le principal objectif de l'éducation de base est de soutenir le développement des élèves pour qu'ils deviennent des membres de la société humainement et éthiquement responsables et leur fournir les connaissances et les compétences nécessaires dans la vie... L'instruction doit promouvoir l'égalité dans la société et les compétences des élèves à participer à leur éducation et à se développer durant leur vie...

Le programme de l'éducation de base comporte au moins les domaines suivants : langue maternelle et littérature (Suédois ou Finnois), langues étrangères, étude de l'environnement, éducation civique, religion ou morale, histoire, éducation sociale, mathématiques, physique, chimie, biologie, géographie, éducation physique, musique, arts visuels, travaux manuels et économie domestique. Les objectifs nationaux ainsi que le temps imparti aux différentes matières, aux groupes de matières et à l'orientation des élèves sont décidés par le gouvernement. Le conseil national de l'Éducation décide des objectifs et des contenus essentiels de l'instruction en confirmant le programme essentiel connu sous le nom de « fondements du programme scolaire » (*School Curriculum Basics*). C'est

sur la base de ces fondements que chaque « fournisseur d'éducation » prépare un programme local. Le programme local est fait par les municipalités et les écoles.
L'école intégrée comporte deux niveaux : le niveau élémentaire (7 à 12 ans) et le niveau avancé (12 à 15 ans). Au niveau élémentaire (correspondant à l'école primaire), l'instituteur enseigne toutes les matières à la classe, tandis qu'au niveau avancé (le niveau du Collège en France), les enseignants sont spécialisés. »

Le document dont le texte précédent est extrait[75] donne de très intéressantes précisions complémentaires sur cette école. Dans son exposé, Georges Malaty, professeur à l'Université de Joensuu, a choisi une présentation un peu provocante pour les participants français (dont il connaît parfaitement le système scolaire). La voici, résumée à grands traits (j'ai essayé d'en restituer le ton) :

> Les enfants finlandais aiment l'école parce qu'ils s'y sentent bien. Elle est très confortable et très bien équipée. Ils peuvent s'y promener en chaussettes, ce qui leur donne l'impression d'être à la maison. Leur grand plaisir est d'y retrouver leurs camarades. Dans les écoles finlandaises, ni la manière de s'habiller, ni les relations entre professeurs et élèves ne sont formalistes. Néanmoins, il y a un grand respect pour les enseignants, en particulier dans les écoles primaires. Les salles de classes ne sont pas bruyantes, l'enseignant n'élève jamais la voix, les punitions n'existent pas, la compétition est totalement absente.

---

[75] « La formation des enseignants en mathématique en Finlande » de George Malaty à l'adresse :
http://www.ulb.ac.be/docs/cedop/index_15.html

La société finlandaise se préoccupe très prioritairement du bien-être de ses enfants à l'école. Les élèves y apprennent quelque chose « comme par inadvertance » (*by chance*) !
Les écoles de Finlande dépendent des municipalités qui recrutent les enseignants. Ils sont chargés de vingt-quatre périodes de quarante-cinq minutes par semaine. Il y a autant de difficultés qu'en France à trouver des enseignants qui aient un niveau mathématique convenable.

Les grandes lignes des programmes de mathématiques de « l'école intégrée » tiennent en une dizaine de pages. Ce document est interprété (en toute liberté) par les municipalités, les équipes pédagogiques et les enseignants chargés de le traduire dans leur classe. Les élèves ont environ trois périodes (de quarante cinq minutes) de mathématiques par semaine.

Il n'y a pas d'inspecteurs chargés de contrôler le travail des enseignants. La société leur fait confiance. Cette confiance s'applique aussi aux enfants qui ne sont pas notés durant les premières années de la scolarité. Lorsqu'un enfant peine dans un domaine, il est aussitôt pris en charge par un enseignant qui l'aide à comprendre. Bien sûr, la notion de redoublement est étrangère à cette école. Les élèves ne sont pas « mis en difficulté » par des programmes trop vastes, parcourus à grandes enjambées. Ils n'ont pas de travail à faire à domicile, après la classe, qui termine à quatorze heures. Les cours particuliers n'existent pas en Finlande.

L'école intégrée finlandaise a clairement choisi de préparer les jeunes à l'entrée dans une société technique, scientifique et de communication. Elle ne se préoccupe pas des étapes ultérieures (lycée, université). Elle parie (c'est peut-être un peu optimiste) que ces étapes ne poseront pas de problèmes majeurs à des élèves ayant une bonne formation générale. A cause de ces choix, elle correspond remarquablement à ce que voulait étudier PISA !

Cette école est à l'image de la société, homogène (une immigration négligeable), égalitaire, respectueuse des personnes. Le contraste avec la société française est saisissant à tel point qu'on peut s'interroger sur la pertinence du choix de ce pays pour une comparaison des systèmes scolaires. Sans doute aurait-il été plus éclairant de confronter la France et les Pays-Bas, très bien classés eux aussi à PISA, mais plus proches de nous sociologiquement.

Une confrontation éclairante

Malgré ces réserves, la réussite finlandaise nous interpelle.

Elle dit que l'école fonctionne mieux quand elle fait confiance aux enseignants et aux élèves.
Qu'un élève qui se sent bien à l'école y apprend de surcroît, et en peu de temps, les connaissances de base de la vie citoyenne.
Qu'une école modeste et respectueuse des enfants assure à tous un savoir de base de bonne qualité et une intégration sociale harmonieuse.
Qu'elle fait émerger (sans le chercher vraiment) une élite qui n'a rien à envier à la nôtre...

Je doute que ces évidences puissent être entendues par une société dont l'angoisse, la violence et l'agressivité se sont peu à peu diffusées dans l'école. Voyez les réponses[76], dans l'ordre, en France (Fr), Finlande (Fi) et Pays-Bas (P.B.),

---

[76] Figure 3.8 page 149 (texte de la note 68).

avec le pourcentage d'élèves qui se reconnaissent dans les affirmations suivantes.

- Je suis très tendu(e) quand j'ai un devoir de mathématiques à faire

53 (Fr) 7 (Fi) 7 (P.B.)

- Je deviens très nerveux(se) quand je travaille à des problèmes de mathématiques

39 (Fr) 15 (Fi) 16 (P.B.)

- Je me sens perdu(e) quand j'essaie de résoudre un problème de mathématiques

39 (Fr) 26 (Fi) 17 (P.B.)

- Je m'inquiète à l'idée d'avoir de mauvaises notes en mathématiques

75 (Fr) 51 (Fi) 44 (P.B.)

Est-il vraiment productif de faire peser un tel poids sur les épaules des élèves ? Le dolorisme est-il le meilleur climat pour libérer les énergies créatrices et l'envie d'apprendre ?

Voyez le tableau récapitulatif[77] de la « culture mathématique ». Il répartit (en pourcentages) les élèves en sept niveaux (en comptant ceux qui sont « sous le niveau un »).

Dans les deux niveaux les plus faibles, le pourcentage d'élèves français dépasse nettement celui de la Finlande, mais aussi celui des Pays-Bas. Dans les deux niveaux les plus forts, Finlande et Pays-Bas (à égalité) font mieux que la France… Même classement pour la compréhension de l'écrit.

Mais qu'on se rassure : Norvège, Allemagne et Italie font piètre figure à nos côtés !

Plus significatif encore (cela touche l'école tout entière), 45% d'élèves français seulement se reconnaissent dans

[77] Page 95 du texte de la note 68.

l'affirmation suivante : « L'école est un endroit où je me sens chez moi ». Ce pourcentage s'élève à 89% en Finlande et à 77% aux Pays-Bas. La moyenne dans l'OCDE est de 81% ! Ce décrochage impressionnant devrait interroger les plus fervents défenseurs du statu quo.

Quant aux coûts respectifs des différents systèmes éducatifs, la figure 2.20 de la page 107[78] donne d'utiles précisions. Je laisse au lecteur le plaisir (et la surprise) de la découverte...

Une étude française complémentaire à PISA précise le trait

En France, la Direction de l'évaluation et de la prospective (DEP) a sélectionné deux échantillons supplémentaires d'élèves : l'un représentatif des élèves de la classe de troisième générale, quel que soit leur âge, et l'autre représentatif des élèves de la classe de seconde générale et technologique, également tous âges confondus. Ces élèves ont suivi à l'identique le protocole de PISA. Les comparaisons[79] sont particulièrement intéressantes :

« Alors que, globalement, la France, avec un score moyen de 511, se situe au-dessus de la moyenne internationale, les élèves français « à l'heure » à 15 ans et scolarisés en seconde générale et technologique obtiennent un score de 564, supérieur aux scores moyens des élèves de 15 ans de Hong Kong ou de Finlande, pays qui arrivent en tête du palmarès international. À l'inverse, les élèves ayant un an de retard et scolarisés à 15 ans en troisième générale ont un score de 467, soit 100 points de moins que leurs camarades « à l'heure ». Ce résultat les situe au niveau des scores

[78] Cf. texte de la note 68.
[79] ftp://trf.education.gouv.fr/pub/edutel/dpd/noteeval/eva0412.pdf

moyens du Portugal et de l'Italie. Les élèves encore en quatrième à 15 ans (deux ans de retard) sont, avec un score de 401 à plus de 150 points de leurs camarades «à l'heure», juste au-dessus du score moyen des élèves mexicains de 15 ans. Notons que l'on retrouve des différences de même ampleur sur les échelles de compréhension de l'écrit, de sciences et de résolution de problèmes.

Résumons-nous: l'école française privilégie « l'excellence » d'une partie de ses élèves au prix du décrochage de 40% de ses effectifs (100 points d'écart pour les 34.5% d'élèves ayant redoublé une fois ; plus de 150 points pour les 5.2% ayant redoublé deux fois), et d'une souffrance exceptionnelle[80] de cette « élite ». Elle fonctionne à la manière d'une raffinerie[81].

Le redoublement n'est en aucun cas un moyen de rattrapage. Il met ceux qui en « bénéficient » sur une orbite basse. Durablement[82].

L'école obligatoire a un problème considérable avec près de 40% de sa population[83] : le rythme imposé, le volume de connaissances proposé, l'ambiance d'évaluation et de sélection[84] permanente décroche ces élèves du peloton de

---

80 C'est un accouchement particulièrement douloureux.

81 Cette image est développée (en contraste avec celle de pépinière) dans *« La fabrique des « meilleurs ». Enquête sur une culture d'exclusion,* Patrick Fauconnier, Le Seuil, L'histoire immédiate, avril 2005, 282 pages.

82 Même si les élèves de Seconde GT de 16 ans (un an de retard) ont les mêmes résultats que ceux de Troisième de 14 ans (à l'heure). Car une partie des élèves en retard en Troisième se retrouve en Seconde pro (cf. annexe) ou dans d'autres filières dévalorisées où toute idée de rattrapage est chimérique.

83 Nous sommes très au-delà des « quartiers en difficulté ». Les classes moyennes de la population sont largement concernées !

84 Voici ce qu'écrivait François Dubet dans *Le Monde de l'Education* de juillet-août 2005, page 86 : « J'observe un appauvrissement de l'école, y compris de l'école maternelle. Et cela parce que la logique sélective descend de plus en plus tôt dans les apprentissages. Par exemple, l'âge

tête. Il suffit d'être un peu lent, d'avoir des problèmes qui absorbent l'énergie, de refuser la souffrance infligée, de ne pas être suivi par une famille attentive et « au courant des bonnes filières » (ou de cumuler plusieurs de ces handicaps), pour se trouver à la traîne, loin des « très bons ». Et cela produit un gâchis de talents, le désespoir de ceux qui sont pris au piège, leur révolte, et au bout de la route, bien des violences.

Parce que notre école obligatoire pense trop fort (exclusivement ?) au lycée, elle sacrifie une grande partie de ses enfants et suscite même le désamour de ses plus brillants sujets pour l'école. Les Finlandais ont fait d'autres choix (les Néerlandais aussi). Moins élitistes, plus modestes, ils préfèrent proposer des activités mathématiques supplémentaires (sous forme de clubs mathématiques et de rallyes par exemple[85]) à ceux qui trouvent intérêt et plaisir aux mathématiques. Il est temps d'être ambitieux lorsque des choix plus précis sont faits.

Des craquements à l'autre bout de l'échelle

Les choix initiaux qui ont si bien réussi à 15 ans en Finlande apparaissent comme une impasse à long terme[86], lorsque les mathématiques (et les sciences) deviennent techniques, dures, abstraites, indispensables. Quand il s'agit

---

de la lecture a pratiquement gagné un an. L'école étant devenue le principal distributeur de positions sociales, le sentiment prévaut qu'on n'a plus de temps à perdre. Pour ré-instaurer de la culture à l'école, il faudrait nous entendre sur l'âge jusqu'auquel on suspend tout élément de sélection ».

[85] Georges Malaty a popularisé ces activités à travers toute la Finlande.

[86] Antoine Bodin commente : « L'impasse en question ne me semble concerner que les élèves qui aborderont des études scientifiques. Même là, faute d'études sérieuses sur ce point, il ne me semble pas possible de conclure. Certes nous avons de bons scientifiques, mais est-ce grâce ou malgré notre enseignement secondaire ? ».

de former des ingénieurs ou des chercheurs. J'ai perçu un sourire narquois sur les lèvres de certains participants français, lorsque Pertti Toivonen (Faculté de Technologie de l'école Polytechnique d'Helsinki) avoua que 50% de ses étudiants ne décrochent pas le diplôme final[87] ! Que deviennent-ils ? Nous ne savons pas, a-t-il répondu…

Là au moins, nos choix initiaux (certes coûteux) semblent payants. Le monde entier ne nous envie-t-il pas nos élites scientifiques ?

Le gros ennui est que -si j'ai bien entendu certains de mes collègues- ce triomphalisme doit être modéré. On se bouscule moins dans nos « prépas » depuis quelques années. Mais surtout, plusieurs cris d'alarme ont été lancés. Ils concernent les grandes écoles et les filières universitaires sélectives.

De nombreux étudiants de ces écoles scientifiques n'ont pas non plus le niveau mathématique indispensable pour entreprendre une carrière de chercheur. Pour Roberto Di Cosmo (Université Paris VII), les mathématiques constituent un outil essentiel pour un programmeur ou un ingénieur système. « Sur quatre-vingts étudiants, une vingtaine maîtrise ces outils fondamentaux » dit-il.

L'intervention de Laurent Decreusefond (Ecole Nationale Supérieure des Télécommunications, Paris) précise le trait[88] : « La recherche et l'innovation technologique reposent de plus en plus fortement sur les dernières avancées théoriques, notamment mathématiques et physiques. Comme les écoles d'ingénieurs sont les dernières

---

[87] « Et comment faites-vous pour trouver le personnel des firmes de pointe comme Nokia ? » ai-je demandé à George Malaty. « Sur le marché mondial, il n'y a aucun problème » a-t-il répondu avec le sourire.

[88] http://smf.emath.fr/VieSociete/Rencontres/France-Finlande-2005/DecreusefondGazette106.pdf

entités de formation théorique de leur cursus, il est de notre devoir de préparer un certain nombre de nos étudiants à appréhender ces connaissances. Comme les acquis d'entrée sont fragiles et très divers, et comme les besoins en sortie sont de plus en plus élevés, on conçoit aisément le désarroi des professeurs qui ne savent comment appréhender cette situation de plus en plus alarmante.

Les Grandes Ecoles doivent certes s'interroger sur leurs méthodes de formation en réhabilitant les savoirs fondamentaux et le travail personnel. Elles doivent aussi initier plus qu'elles ne le font actuellement leurs étudiants à la recherche. Néanmoins, tout ceci ne sera possible que si la situation au lycée et en classes préparatoires cesse de se détériorer, en recréant par exemple, une réelle filière mathématico-physique en Terminale. »

On peut s'étonner de voir ces très brillants sujets (ils ont été sélectionnés à l'extrême !) en arriver là. Est-il impossible, durant les années dans ces filières ou ces écoles, de donner un complément de formation aux meilleurs éléments, ceux que la recherche attire ? « Ils se refusent à alourdir un cursus déjà chargé ». Sont-ils à ce point épuisés par leur parcours du combattant qu'ils aspirent à une vie enfin tranquille, au point de compromettre une carrière ? Cela me rappelle une confidence un peu lasse de Jean-Pierre Bourguignon à propos des étudiants de Polytechnique. « Dans cette Ecole, à peine dix pour cent des étudiants s'intéressent aux sciences[89]... ».

[89] Propos tenus au micro de Radio Arc-en-Ciel à Strasbourg, il y a une dizaine d'années déjà.

Et si l'élite des grandes écoles cherchait, au bout de son parcours universitaire, une position sociale plutôt qu'une carrière scientifique ? A son détriment même[90] ?
La solution est-elle dans l'augmentation des horaires en amont, comme cela fut proposé avec force par Daniel Duverney[91] ? Peut-être, à condition que les étudiants acceptent de travailler pour comprendre les mathématiques et les sciences, plutôt que de viser surtout la réussite des concours ou l'obtention d'un diplôme. Mais pourquoi accepteraient-ils au lycée en en classe préparatoire le travail supplémentaire qu'ils refusent en fin d'études, au seuil de leur vie professionnelle ? Les jeunes ont parfaitement compris que la société exige des pourcentages de reçus conséquents et que le système scolaire et universitaire est bien obligé de les prendre « comme ils sont » ! Le rapport de force n'est pas en faveur de l'Institution[92] !

Le système scolaire français peine aux deux bouts de l'échelle. Pour favoriser l'éclosion d'une « élite » de très haut niveau, il charge la barque dans l'enseignement élémentaire et au Collège[93], décrochant déjà 40% de son effectif ! Puis il découvre que la très belle élite, objet de tous les soins, détourne le projet, préférant la réussite sociale et l'argent à une obscure « réussite scientifique » de chercheur ou d'ingénieur[94]...

---

[90] Voir note 84 ci-dessus.
[91] Les mathématiques dans l'enseignement secondaire scientifique français depuis les années 1960
http://smf.emath.fr/VieSociete/Rencontres/France-Finlande-2005/DuverneyF.pdf
[92] Un de mes anciens élèves de Terminale S « pantouflait en prépa ». Son professeur le mit en garde. « J'ai toujours fait comme ça depuis que je suis en classe et j'ai toujours réussi. Je ne vois pas pourquoi ça changerait maintenant ! », répondit-il sans se démonter. Et mon collègue avoua : « Le pire, c'est qu'il a sans doute raison... ».
[93] Voir note 84 ci-dessus.
[94] Le prestige social et l'argent ont déserté ces secteurs.

Il est urgent de repenser notre école, d'en faire un outil de promotion pour tous[95], tout en favorisant l'éclosion d'enseignants, d'ingénieurs et de chercheurs compétents et intéressés par la science. Une équation sociale difficile à résoudre dans le contexte actuel[96] ! Ces trois jours passés à Paris avec mes collègues Finlandais et Français, passionnés et inquiets, ont confirmé pour moi cette priorité.

Bibliographie

- Apprendre aujourd'hui, réussir demain – Premiers résultats de PISA, OCDE, 2003
http://www.pisa.oecd.org/document/29/0,2340,en_3225235 1_32236173_34023965_1_1_1_1,00.html

- Note DPD 04.12 - Les élèves de 15 ans. Premiers résultats de l'évaluation internationale PISA 2003.
Accessible en :
ftp://trf.education.gouv.fr/pub/edutel/dpd/noteeval/eva0412. pdf

- Dupé C., Olivier Y., « Ce que l'évaluation PISA 2003 peut nous apprendre », *Bulletin de l'APMEP*, n° 460, octobre 2005. Voir aussi :
http://smf.emath.fr/VieSociete/Rencontres/France-Finlande-2005/OlivierDupe.pdf
http://publimath.irem.univ-mrs.fr/biblio/AAA05070.htm

---

[95] Comment réduire le chiffre monstrueux de 150 000 jeunes sortant chaque année de l'école sans diplôme (et sans formation) ? A-t-on calculé le coût humain, social et financier de ce désastre ?

[96] Voir certaines propositions dans « A chacun son Everest » dans Repères-Irem, n° 60 : Une école plus modeste pour tous, qui éviterait de sacrifier une partie importante de sa population et des compléments de formation solides pour les plus pugnaces. Et cela dans toutes les disciplines, pour faire émerger plusieurs pôles d'excellence.

- Meuret D., Pourquoi les jeunes Français ont-ils à 15 ans des performances inférieures à celles des jeunes d'autres pays ? *Revue française de Pédagogie*, n° 142, 2003, pp. 89-104.

- Bodin A., « Ce qui est vraiment évalué par PISA en mathématiques. Ce qui ne l'est pas. Un point de vue français », *Bulletin de l'APMEP*, n° 463. pp. 240-265. http://publimath.irem.univ-mrs.fr/biblio/AAA06021.htm

- Bodin A., « Les mathématiques face aux évaluations nationales et internationales. De la première étude menée en 1960 aux études TIMSS et PISA... en passant par les études de la DEP et d'EVAPM », *Repères*, n° 65, pp. 55-89. http://publimath.irem.univ-mrs.fr/biblio/AAA06021.htm

- Fauconnier P., *La fabrique des « meilleurs ». Enquête sur une culture d'exclusion,* Le Seuil, L'histoire immédiate, 2005, 282 pages.
http://www.cahiers-pedagogiques.com/article.php3?id_article=1638
http://publimath.irem.univ-mrs.fr/biblio/AVM05003.htm

ENTRETIEN

Entretien avec Sylvie Paycha, Professeur en mathématiques à l'Université Blaise Pascal de Clermont-Ferrand

Sylvie Rœlly

Sylvie Rœlly : En tant que chercheur en mathématiques, vous avez certainement été en contact tout au long de votre carrière avec des collègues d'autres nationalités. Pourriez-vous nous parler de votre première rencontre avec une culture mathématique non française, votre étonnement, vos questionnements ?

Sylvie Paycha : Pour ne parler que de l'une d'entre elles, je mentionnerai une collaboration qui s'est inscrite dans la durée avec un collègue américain, par laquelle j'ai appris à reconnaître dans mon approche des mathématiques les traces de ma formation cartésienne imprégnée de bourbakisme qui contraste avec la vision bien plus pragmatique de ce collègue, vision héritée du positivisme anglo-saxon.
Mes diverses collaborations avec des collègues étrangers m'ont aussi appris à analyser ma propre pratique de chercheuse ; j'ai pu ainsi constater que notre activité mathématique est fortement imprégnée de notre personnalité et de notre façon de penser le monde. Celles-ci peuvent rapprocher deux mathématiciens de cultures mathématiques a priori très différentes mais avec des affinités de l'ordre du subjectif, affinités qui permettent une connivence scientifique transgressant les frontières entre domaines mathématiques et régions du monde. J'ai en

particulier pu me rendre compte que les différences culturelles en mathématiques ne respectent pas les frontières géographiques.

Question : Comment décririez-vous les traits les plus spécifiques qui distinguent l'approche française en recherche mathématique de celle d'autres pays, européens ou non ?

Sylvie Paycha : Des écoles très distinctes se sont développées dans divers pays, par exemple l'école d'analyse géométrique/géométrie analytique en Allemagne (Brünning, Friedrich, Schultze...), l'école de géométrie non commutative en France (Connes, Skandalis...), une approche algébro-topologique de la théorie des champs (Atiyah, Segal...) en Angleterre, probablement toutes inscrites dans une tradition spécifique des mathématiques propre au pays, une approche analytique (au sens philosophique du terme) en Allemagne, une approche cartésienne à la recherche de structures unificatrices en France, une science tournée vers le réel en Angleterre donnant une véritable place à la physique au sein des mathématiques. Au-delà de ces diverses écoles, il me semble que les traditions philosophiques, les structures académiques et leur histoire, la place qu'elles donnent à la science dans la société sont autant de facteurs qui distinguent les approches des mathématiques d'ici et d'ailleurs.
L'approche française de la recherche en mathématique est indubitablement marquée par le cartésianisme et un centralisme académique ; mais la distinguer de celle d'autres pays est une question délicate qui requiert une analyse très fine tenant compte de tous les paramètres cités ci-dessus.

Question : Avec la mondialisation de nos sociétés, croyez-vous que ces différences vont subsister pour les générations futures ?

Sylvie Paycha : Je crois que l'évolution des mathématiques s'inscrit dans une tendance à la mondialisation sur le plan économique obéissant au principe de rentabilité, l'harmonisation des systèmes universitaires au niveau européen en constituant une première étape vers une uniformisation. L'harmonisation au niveau mondial s'est de fait déjà mise en place puisque le système européen est en grande partie calqué sur le système américain. Nous nous orientons donc vers une uniformisation au niveau mondial guidée par la nécessité d'une production mathématique à court terme, de plus en plus tournée vers les applications pratiques. Cette évolution rapide met malheureusement en péril la notion même de culture mathématique (aux relents humanistes), les mathématiques devenant alors un simple outil au service d'autres disciplines.

Question : Vous avez aussi une expérience d'enseignante dans divers pays. Avez-vous ressenti une attente différente de vos étudiants ici et là-bas ?

Sylvie Paycha : Je vais relater les impressions que m'a laissées ma première expérience d'enseignante à l'étranger en Allemagne lors de la préparation de mon doctorat de troisième cycle de 1985 à 1989. J'ai été amenée durant cette période à superviser des séances de travaux dirigés en mathématiques à l'université ; je me rappelle avoir été frappée par l'attitude sans-gêne des étudiants à mon égard : ils buvaient, mangeaient leurs sandwichs, certaines filles tricotaient même, tout en prêtant une oreille distraite à ce que je pouvais leur raconter. Cette attitude n'était pour eux ni une marque de défi ni une provocation, mais témoignait plutôt d'un rapport très différent à l'enseignant de celui que j'avais connu en France. Ce n'est que bien plus tard que j'ai senti se développer en France cette tendance chez les étudiants à considérer l'enseignement comme une offre à prendre ou à laisser. La situation est très différente en Chine ou en Colombie, pays où j'ai eu quelques expériences et dans lesquels l'étudiant exprime tant de respect pour l'enseignant qu'il en devient tout timide!

Question : Le fait que vous soyez une femme a-t-il eu une influence sur le déroulement de votre carrière de mathématicienne en France ? Pensez-vous que cela joue un rôle différent dans d'autres pays européens comme en Allemagne ou en Italie, par exemple ?

Sylvie Paycha : Le fait que je sois femme a indubitablement joué un rôle sur ma carrière de mathématicienne, malheureusement plutôt négatif que positif. Cependant, je n'aurais probablement pas pu embrasser cette carrière dans un autre pays que la France : c'est grâce à l'infrastructure française autour de la petite enfance, la scolarisation à temps plein des enfants et la tradition déjà établie en France de femmes mathématiciennes que j'ai pu concilier vie de famille et vie d'enseignante-chercheuse. Les jeunes mathématiciennes allemandes (pour ne pas parler des femmes japonaises pour qui le fait de devenir chercheuse en mathématique relève d'une prouesse!) ne disposant pas d'infrastructures très développées pour la prise en charge de leurs enfants et bénéficiant peu du soutien de mathématiciennes déjà établies dans le système, il leur est encore plus difficile de s'engager dans la recherche. Il est aussi à noter (les choses changent cependant un peu avec l'uniformisation) que le statut de « professeur des universités » est plus prestigieux dans les pays du nord de l'Europe qu'il ne l'est en France ou dans les pays latins ; ceci a aussi contribué à maintenir les femmes de là-bas éloignées de telles carrières.

Question : En vous appuyant sur votre propre parcours, quelles sont à votre avis les forces et les faiblesses du système universitaire français en ce qui concerne les études mathématiques ? De qui et en quoi pourrait-on s'inspirer en France pour l'améliorer ?

Sylvie Paycha : Une force du système français est la bonne préparation théorique offerte aux étudiants ; une faiblesse en est le maintien des étudiants dans une relative passivité, en partie due à la tradition des cours magistraux, en partie à cause des gros effectifs des étudiants dans les premières années de l'université. Je crois qu'il serait bon de s'inspirer du modèle « Humboldtien » qui a prédominé jusqu'à maintenant en Allemagne, en donnant plus d'initiatives aux étudiants en France (avec par exemple des séminaires d'étudiants dès les premiers niveaux de l'université) ainsi que du système anglo-saxon qui assure un meilleur suivi des étudiants (avec un tutorat très développé). Cependant, tout cela doit aller de pair avec une reconnaissance du travail supplémentaire que ce meilleur accompagnement des étudiants entraînerait pour le personnel enseignant-chercheur. Cela ne doit en aucun cas se faire au détriment de l'activité de recherche des enseignants, comme c'est actuellement la tendance.

PEDAGOGUES

Janusz Korczak

Bernard Jabin
Chargé d'enseignement à l'Université Paris VII

Les Grecs anciens se demandaient déjà comment endiguer la violence chez les jeunes, comment les amener à respecter les valeurs sociales mises en place. L'histoire de l'Education regorge de théories, se réfère à des exemples pour tenter de comprendre et de juguler ce phénomène tellement récurrent qu'il en devient un poncif. De nombreux pédagogues, s'inscrivant dans les « pédagogies actives », les « pédagogies différenciées » ou bien l'« Education Comparée », ont mis en place des dispositifs éducatifs opératoires qui ont permis aux élèves de se respecter et de respecter les autres, de parler plutôt que de frapper, de dialoguer au lieu de se battre ou de s'insulter. De différer l'acte...
Janusz Korczak est l'un de ceux qui ont tenté de réduire la violence en travaillant sur la notion de respect. Abordons à présent la vie et l'œuvre de cet éducateur polonais.

Janusz Korczak : le droit de l'enfant au respect

Janusz Korczak, de son vrai nom Henryk Goldszmit, naît à Varsovie[97] le 22 juillet 1878, de Cecylia Gebicka et de Joseph Goldszmit, écrivain et avocat célèbre. Henryk porte le nom de son grand-père Hirsh Goldszmit, mort en 1874.

[97] Varsovie resta sous occupation russe jusqu'à ce que le pays retrouve son indépendance avec l'armistice de 1918.

Fils d'un vitrier, Hirsh, chef éclairé de la communauté juive de la ville, exerçait en qualité de médecin-chef de l'hôpital juif. Il militait pour le *Haskalah, Le Mouvement juif pour le progrès,* qui encourageait les juifs polonais à s'intégrer au monde moderne. Il donna une éducation laïque à ses cinq enfants. Deux de ses fils, Jacob et Joseph, le père d'Henryk, poursuivirent son action intégrationniste. Ils tentaient au quotidien de rapprocher les communautés juive et polonaise et luttaient en permanence contre les clivages qui les séparaient. Tous deux, écrivains et juristes, privilégiaient l'écrit pour éduquer et pour élever le niveau des consciences, avec l'appui de l'intelligentsia libérale juive et polonaise de l'époque.

Janusz Korczak : l'enfant du salon

Henryk Goldszmit voit donc le jour dans une famille juive, aisée, intégrée depuis longtemps. Sa grand-mère maternelle, Émilia, habitait avec eux. Plus tard, Janusz Korczak écrira que c'était le seul grand-parent qu'il ait connu et « la seule personne à le comprendre ». Son père, être inconstant, se montrait tantôt coléreux et brutal, tantôt charmeur avec son fils dont il voulait se faire le complice. Henryk évoluait dans un univers de femmes qui le surprotégeaient. Il n'avait pas le droit de descendre jouer dans la cour avec les enfants pauvres, ni de rester au salon ; ni de « traîner » dans la cuisine.

Janusz Korczak : la confession d'un papillon

Dès l'âge de 12 ans, Henryk doit subvenir aux besoins de sa famille ruinée par la maladie dégénérative de son père, interné à l'asile psychiatrique de Tworki. Il donne des cours aux enfants. Il se réfugie dans l'imaginaire. Il se met à écrire des poèmes et un journal intime dont il fait le sujet

d'un roman, *Confession d'un papillon*,[98] dans lequel il décrit sa vie d'adolescent confronté pendant six ans à la folie de son père.
Ses nouvelles expériences, tant professionnelles que personnelles, l'amènent à prendre conscience du fossé qui sépare le monde des enfants de celui des adultes. Il constate que les enfants qui l'entourent, pauvres ou riches, souffrent de l'ignorance ou du mépris des adultes et de la société à leur égard. « Il n'est pas facile ni agréable d'être petit. Il faut être grand, occuper pas mal de place, pour susciter estime et admiration. Petit veut toujours dire : banal, dépourvu d'intérêt. Petites gens, petites joies, petites peines. Il n'y a que le grand pour nous imposer : grandes villes, hautes montagnes, arbres majestueux. Nous disons : « une grande œuvre, un grand homme. Un enfant, c'est si petit, si léger… si peu de chose. »[99]

Janusz Korczak et les enfants de la rue

Henryk s'investit dans la littérature, le social et l'éducation. Enquêtant sur la grande pauvreté et la situation des enfants des rues, il écrit des feuilletons.
Il devient journaliste. Il publie de nombreux articles dans les journaux et dans les revues sociales et médicales de l'époque. En 1899, dans la revue *Czytelnia*, il énonce l'un des concepts de base de sa pédagogie : « L'enfant ne devient pas un Homme, il en est déjà un ». Il fréquente « l'Université volante », un institut clandestin qui réunit des personnes décidées à préserver la culture et l'histoire polonaise. Il y côtoie des intellectuels s'inscrivant dans un socialisme démocratique et refusant les divisions de classe ou d'ethnie. Les cours de Jan Wladyslaw Dawid (1858-1914), premier psychologue expérimental polonais, le

---

[98] Édité en 1913.
[99] *In Le droit de l'enfant au respect*, 1929.

décident à étudier l'enfant de façon scientifique et non plus subjective.

À l'occasion d'un concours littéraire, Henryk Goldszmit choisit de prendre pour pseudonyme le nom d'un héros polonais : Janusz Korczak.

En 1901, paraît son premier livre, *Les enfants de la rue*, où il décrit la souffrance et l'espoir des enfants pauvres qu'il a rencontrés dans les banlieues de Varsovie.

Un enfant de salon, qui parut en 1905, le rend célèbre.

Janusz Korczak : le médecin

À l'instar d'Anton Tchekhov,[100] Janusz Korczak décide d'entreprendre des études de médecine, car écrit-il, « la littérature, c'est seulement des mots, et la médecine, des actes ». En 1905, jeune diplômé, il se trouve mobilisé comme médecin militaire pendant la guerre entre la Russie et le Japon.[101] Un an après son retour, il exerce durant sept ans dans un hôpital pour enfants. Il ressent la nécessité de ce qui va devenir la pédiatrie. « Quand donc arrêterons-nous de prescrire de l'aspirine contre la pauvreté, l'exploitation, la maltraitance et le crime ? ». Ce questionnement l'amène à parcourir l'Europe pour comparer, entre autres, les différentes formes d'éducation.

Janusz Korczak : le comparatiste

« L'hôpital berlinois et la littérature médicale allemande m'ont appris à exercer ma pensée, lentement, systématiquement, sur ce que nous savons déjà. Paris m'a appris à me poser des questions sur ce que nous ne savons pas encore... mais que nous saurons un jour. Paris m'a

[100] À la fois médecin et écrivain. « Un grand clinicien qui pose des diagnostics sociaux justes », écrit à son propos Janusz Korczak.

[101] La Pologne se trouvait sous domination russe.

donné la force de vouloir, la douleur d'ignorer et la volupté de chercher. De Berlin, j'ai rapporté l'art de la simplification, l'ingéniosité et l'ordre dans ses moindres détails. »

C'est au cours de ses pérégrinations et de ses échanges avec des collègues qu'il choisit de se consacrer aux enfants.

« Une grande synthèse sur l'enfant, voilà à quoi je rêvais quand, dans une bibliothèque parisienne, les joues colorées d'émotion, je lisais d'étranges ouvrages classiques de cliniciens français. »

Dans les années 1907-1908, Janusz Korczak contribue à une grande avancée sociale au profit des enfants pauvres. Il participe à la création des premiers camps d'été, c'est-à-dire des premières colonies de vacances. Il voit là une expérience décisive qui lui permet d'élaborer les bases théoriques d'une refonte du système éducatif polonais. « Je dois beaucoup aux colonies de vacances. C'est là que j'ai rencontré pour la première fois une collectivité d'enfants ; c'est là que j'ai appris, grâce à mes seuls efforts, l'abécédaire de la pratique éducative. »[102]

Lors de ses séjours, il apprend également à parler non plus *à* des enfants, mais *avec* des enfants[103]. Il réalise aussi les premières expériences de ce qui va devenir le *Tribunal des enfants* et jette les bases d'un *Journal des enfants*, leur offrant ainsi la possibilité de lire des informations sur eux-mêmes, écrites par eux-mêmes, dans un vrai journal imprimé à Varsovie.[104]

Il ressent le besoin de mettre ses idées en pratique. Aussi, lorsqu'en 1910, une œuvre philanthropique de la

---

[102] In *Comment aimer un enfant.*

[103] *Ibid.*

[104] Il écrit aussi : « Un enfant veut être pris au sérieux, il demande de la confiance, des directives et des conseils. [...] Nous ne nous comportons pas sérieusement par rapport à un enfant, nous lui témoignons en permanence de la méfiance, nous le repoussons par notre manque de compréhension et lui refusons notre aide. »

communauté juive, la « Société d'aide aux orphelins », décide la construction d'un établissement pour l'accueil des orphelins juifs, il accepte d'en assurer la direction.

Janusz Korczak : l'éducateur

Janusz Korczak s'implique complètement dans le projet et décide, pour ce faire, d'abandonner l'exercice de la médecine. Il veut faire de cet orphelinat un laboratoire d'observation, d'analyses critiques et d'études d'une démarche pédagogique scientifiquement fondée sur le respect de l'enfant et sur la prise en compte de l'ensemble de ses besoins.

L'établissement piloté par Janusz Korczak ouvre ses portes à la fin de l'année 1912 au n°92 de la rue Krochmalna à Varsovie. Janusz Korczak en avait réalisé les plans lui-même. Il avait décidé de l'équiper de tout le confort possible à l'époque,[105] ce qui fit scandale.
Janusz Korczak y mène ses expériences éducatives jusqu'au 29 novembre 1940, jour où, sur ordre des nazis, l'orphelinat est transféré dans le ghetto de Varsovie. Le 6 août 1942, Janusz Korczak, les éducateurs et 200 enfants survivants, sont déportés au camp d'extermination de Treblinka et assassinés dans les chambres à gaz par les nazis.

Un deuxième orphelinat, destiné aux orphelins de guerre de religion catholique, fut également créé en 1919 sur le modèle pédagogique de Janusz Korczak, qui en prit la direction pédagogique et médicale. Maria (Maryna) Rogowska-Falska (1877-1944), une éducatrice formée à

[105] Avec des salles de bains pourvues de baignoires, le chauffage central, etc.

l'école de Maria Montessori[106], en assuma la gestion au quotidien.[107]
D'abord installé de façon provisoire, à 25 kilomètres de Varsovie,[108] l'établissement fut transféré en 1928, dans la banlieue proche de la capitale,[109] dans un immeuble neuf construit selon les plans de Janusz Korczak. La presse surnomma cet orphelinat le « Palais de l'enfant ».

Maryna Falska le dirigea jusqu'à sa mort en 1944. Janusz Korczak y travailla jusqu'en 1936. Hélas, toutes les archives furent brûlées pendant le terrible hiver 1943-1944 alors que l'établissement avait été réquisitionné comme caserne.

Janusz Korczak : le pédagogue

L'œuvre pédagogique korczakienne s'inscrit dans le courant des idées progressistes de la Pédagogie active et de l'« École nouvelle ». Sa notoriété dépasse rapidement les frontières de la Pologne, grâce à la création de ces deux orphelinats et aux dispositifs éducatifs novateurs, basés sur le droit de l'enfant au respect, que Korczak y mit en place.
Dès 1919, il pose en actes les bases de ce qui deviendra la Convention Internationale des Droits de l'Enfant (C.I.D.E.).[110]

---

[106] Maria Montessori (1870-1952) prôna l'éducation sensorielle non-directive.
[107] Janusz Korczak l'avait connue à Kiev, sur le front russe, lorsqu'il s'occupait de l'hôpital militaire. Il l'avait aidée à reprendre en main le refuge pour enfants dont elle avait la charge, en instaurant la confiance et le dialogue avec les enfants.
[108] À Pruszkow.
[109] À Bielany.
[110] La Convention Internationale des Droits de l'Enfant (C.I.D.E.), établie officiellement depuis le 20 novembre 1989, a repris des idées que ce visionnaire espérait voir mises en application, depuis la fin du XIXe siècle, par un texte politique majeur. C'est en 1990 que la France

Il encourage et permet la parution du premier journal national fait « par les enfants et pour les enfants », *Maly Prezglad* (la *Petite Revue*), qui paraît chaque vendredi du mois d'octobre 1926, jusqu'à la guerre et l'invasion allemande en septembre 1939.

Que retenons-nous aujourd'hui de Janusz Korczak et de ses innovations pédagogiques ?

Janusz Korczak : vers une éducation novatrice

Avec d'autres, il a participé à l'émergence des courants de la « pédagogie nouvelle ».
« Les noms de Pestalozzi[111], Fröbel[112] et Spencer[113] sont des précurseurs tout aussi lumineux que les grands inventeurs du XIXe siècle. Ils n'ont pas seulement découvert de nouvelles forces inconnues de la nature. Ils ont découvert la moitié inconnue de l'humanité : les enfants ».[114]
Cette assertion de Janusz Korczak s'applique, on ne peut mieux, à lui-même, car à l'instar de ses illustres

---

ratifia la Convention Internationale des Droits de l'Enfant.

[111] Johann Heinrich Pestalozzi (né à Zurich en 1746, mort à Brugg en 1827), pédagogue suisse, disciple de Jean-Jacques Rousseau, s'intéressa à l'enseignement mutuel. En 1805, Johann Heinrich Pestalozzi créa une institution à Yverdon, dans le canton de Vaud. Il y consacra vingt ans de sa vie. La pédagogie qu'il mit en œuvre conduisait l'enfant à chercher, « lui laissant ensuite le mérite de faire quelques pas lui-même », à mettre en place des formes de sociabilité (enseignement mutuel). Il préfigura de la sorte certaines formes de l'éducation active, reconnaissant l'influence du milieu social et de l'école comme microsociété. Janusz Korczak le considérait comme un maître et un précurseur en la matière.

[112] Friedrich Fröbel (1782-1852), pédagogue allemand, fonda en 1837 le premier jardin d'enfants.

[113] Herbert Spencer (1820-1903), philosophe et sociologue anglais, publia « *De l'Éducation* » en 1861.

[114] Janusz Korczak, *in* « Le développement de l'idée d'amour pour son semblable au XIXe siècle », Revue *Bibliothèque pour tous*, 1899, n°52.

prédécesseurs, il découvrit et nous fit découvrir cette « moitié inconnue de l'humanité : les enfants »[115]. Comme de nombreux adeptes de la pédagogie active, il pensait que les êtres humains étaient des sujets-acteurs de leur propre éducation. Il concevait les enfants comme des êtres de droit, pourvus de sentiments et de réactions pouvant s'exprimer avec une violence extrême.[116]

Dans les débuts du XXe siècle, il partit du constat que la vie, les institutions, l'école entre autres, représentaient un terrain favorable à l'expression de la violence des jeunes,[117] à l'intérieur et hors de l'institution.[118]

Janusz Korczak : praticien chercheur

Janusz Korczak pensait que l'observation et la comparaison des comportements déviants des enfants[119] lui permettraient de mieux comprendre le fonctionnement de leurs groupes, afin de mettre en place des dispositifs spécifiques qui amèneraient les enfants à mieux se connaître et à supporter les différences de l'autre. Janusz Korczak tentait toujours de comprendre les interactions et les interrelations produites dans les situations spécifiques qu'il observait. Comme tout ethnographe de terrain, il espérait ainsi accéder aux cultures spécifiques à ces jeunes déviants. Pour tenter de mettre en place d'autres procédures et d'autres processus, aussi bien

---

[115] *Ibid.*

[116] Les « sauvageons » (terme utilisé en 1998 par J.-P. Chevènement, alors ministre de l'Intérieur, pour désigner les jeunes mineurs délinquants multi-récidivistes) d'aujourd'hui ne s'expriment pas avec plus de violence.

[117] Même parfois chez de très jeunes enfants.

[118] En 1918, des bandes de jeunes, d'adolescents erraient dans la banlieue de Varsovie, allant parfois jusqu'à commettre l'irréparable, c'est-à-dire supprimer la vie d'une personne pour lui prendre quelque argent, par exemple.

[119] *Cf.* Janusz Korczak, *Les enfants de la rue*, Varsovie, 1901 et *Un enfant de salon*, Varsovie, 1905.

individuels que collectifs, Janusz Korczak s'appuya sur de nombreuses observations ethnographiques. Il s'investit dans une sorte d'« action-recherche » qui lui permit de repenser l'éducation des enfants.
Pour aider les jeunes Polonais (orphelins pour la plupart) dont il assumait la charge, en qualité de médecin mais surtout comme éducateur, dans les deux établissements pilotes qu'il fit fonctionner, Janusz Korczak usa de sa qualité d'« intravenant »[120] pour décider de mettre en place des dispositifs allant dans le droit fil de sa vision pédagogique innovante et avant-gardiste en matière « du droit de l'enfant au respect », c'est-à-dire respect tant pour lui-même que pour les autres.

La base de la relation éducative proposée par le « Vieux Docteur de Varsovie » reposait sur deux principes. Il posait comme premier fondement de sa réflexion théorique que l'enfant représente un « élément constitutif de la relation maître / élèves »,[121] un sujet à entendre et à aider à grandir et surtout pas... un objet à fabriquer ! Il affirmait qu'il fallait garder à l'esprit que « ce qui mobilise, c'est la difficulté, la complexité, l'intérêt, ce qui passionne. Ce qui mobilise, ce n'est jamais la démagogie facile ». Cela suppose toujours de s'inscrire dans une posture d'observateur impliqué afin de pouvoir appréhender les

---

[120] Le concept d'« intravenant » énoncé par Patrick Boumard s'applique, on ne peut mieux, à Janusz Korczak, puisqu'il définit une « posture d'intervenant de l'intérieur », *cf.* Patrick Boumard : *Le conseil de classe, institution et citoyenneté*, Paris, Presses Universitaires de France, Collection L'éducateur, p. 68.

[121] Bernard Jabin, « Korczak à l'école aujourd'hui », *in Janusz Korczak, comment surseoir à la violence*, Philippe Meirieu, Collection L'éducation en questions, Editions Pemf, 2001, pp. 38 - 43.
Cf. également, Philippe Meirieu, *Le pédagogue et les droits de l'enfant : histoire d'un malentendu ?*, Éditions du Tricorne, 2002.

moindres signes de « mésaise »[122] et de pouvoir les analyser au mieux pour créer et mettre en place des dispositifs adéquats.

Le second principe de base établi par Janusz Korczak repose sur la volonté de conduire chaque enfant à comprendre et à accepter l'autre dans ses différences, dans toutes ses différences.

Comment l'éducateur réussit-il à amener chacun des jeunes qui vivaient dans les deux orphelinats organisés en républiques d'enfants dont il s'occupait, à prendre de la distance par rapport à l'acte violent (physique ou verbal) ? Quels outils lui ont permis de mettre en place des règles démocratiques de vie à l'intérieur des établissements éducatifs ?

Le renversement épistémologique de la place de l'enfant

Les dispositifs mis en place par Janusz Korczak s'inscrivent dans une dynamique novatrice car ils permettent aux enfants de se structurer, de trouver ou de retrouver des ressources individuelles ou collectives, de canaliser leur violence, de prendre de la distance par rapport à la pulsion, à l'acte immédiat, de différer l'acte violent[123].

---

[122] Cf. Bernard Jabin, Michel-Patrick de Miras, « A l'intérieur d'une stratégie d'élève dans la classe », *in L'École, les jeunes et la déviance* (sous la direction de Patrick Boumard), Paris, Presses Universitaires de France, 1999, pp. 62-89 : « *Nous avons décidé d'utiliser le terme de « mésaise » comme concept traduisant à la fois un état de malaise, de gêne et de mal être.* »

[123] Cf. Betty Jean Lifton : *Janusz Korczak, le roi des enfants* (*The King of Children*), a biography of J. Korczak, Farrar, Straus and Giroux, New York, 1988; Éd. R. Laffont, Paris, 1989, 406 p.; Rééd. Club France-Loisirs, Paris, 1990, 406 p.; Rééd. Presses Pocket, Paris, 1991, 498 p.

L'un des objectifs principaux des dispositifs élaborés par Janusz Korczak consistait à conduire les orphelins à s'exprimer, à communiquer et surtout, à apprendre à apprendre. Le cadre institutionnel devait leur permettre d'apprendre à se respecter et à respecter les autres, c'est-à-dire de changer leurs représentations négatives sur eux-mêmes et sur les autres et d'en acquérir de nouvelles, positives cette fois.
Il s'agissait d'amener les jeunes à réfléchir, à construire des raisonnements, à se confronter avec autrui, dans un nouveau rapport au savoir mis en place par l'institution nouvelle[124]. Il s'agissait d'inciter les enfants à faire autre chose que de se propulser dans l'instantanéité du conflit ou de la réaction violente.

De l'immédiateté à la prise de distance

Toutes celles et tous ceux qui questionnent le vaste champ de la violence savent qu'il possède une frontière commune, une sorte de *limes*, avec celui de la communication. Les enseignants et les éducateurs savent bien qu'il n'est pas toujours facile, pour un enfant, d'échanger avec autrui. Il lui est souvent plus facile de frapper, de s'imposer par la force que de s'investir dans le discours, car le discours est un lieu de parole où les codes, le vocabulaire et la syntaxe, le maintiennent à la marge. Ces écueils apparaissent difficiles à surmonter pour un enfant en difficulté sociale et scolaire, d'autant plus qu'il se trouve dans un univers d'adultes qui veulent lui imposer des responsabilités que, pour diverses raisons (subjectives ou objectives), il ne se sent pas toujours

[124] Pour cela, il faut se souvenir que les dispositifs éducatifs élaborés par Janusz Korczak dans les deux orphelinats de Varsovie se sont mis en place hors du champ scolaire. Il importe également de savoir que les enfants se rendaient dans l'école dont ils dépendaient, selon la carte scolaire de l'époque.

capable de prendre, à un moment donné, par exemple dans l'apprentissage du savoir social que représente la lecture.
Certains pensent encore : « *etiam nollens legere compelletur* ».[125] Il va sans dire que ce positionnement ne peut que devenir anxiogène pour l'apprenant rétif et ne peut qu'induire des comportements violents consécutivement au « *mésaise* »[126] qui en découle. Pour pallier ce problème crucial qui amène inéluctablement l'enfant en difficulté à s'exprimer par la violence, Janusz Korczak fait des propositions éducatives pour gérer au mieux la crise dans laquelle se trouve un jeune en difficulté, et ce, pour quelque raison que ce soit.
Il me semble que l'adaptation des dispositifs de Janusz Korczak à l'école correspond à une posture méthodologique et théorique qui s'inscrit dans le droit fil des courants pédagogiques producteurs de sens et de théories aux concepts opératoires. Par exemple, le courant de la « pédagogie institutionnelle » a toujours considéré qu'il était urgent et nécessaire de lutter contre la violence.[127]
Ce positionnement nous amène à nous situer dans un champ théorique interculturel d'interférences, où nous prenons en considération le processus continu, qui s'alimente d'une manière réflexive et transductive,[128] des interactions existant entre divers groupes de cultures différentes, tant parmi les élèves que parmi les adultes.

---

[125] « Que même celui qui s'y refuse soit obligé d'apprendre à lire ».
[126] *Cf. supra.*
[127] Raymond Fonvieille : *Face à la violence : participation et créativité, Paris, Presses Universitaires de France, 1999.*
[128] René Lourau a développé le concept de « *transduction* » dans *Implication, transduction*, Paris, Anthropos, 1997.

Force est de constater que la base méthodologique de ce type d'expérimentation pédagogique s'articule, aujourd'hui, autour de l'*ethnographie de l'école*. Il s'agit avant tout, à l'instar des observations faites par Janusz Korczak, de partir des observations de terrain, de mettre en place un dispositif que plusieurs chercheurs nomment l'œil ethnographique [129], prenant en compte l'implication du chercheur ou du praticien, y compris dans la « définition de la situation » qui découle de sa présence sur les lieux.
Dans un processus constant de réflexivité,[130] compte tenu de la variété de la composition des points de vue extérieurs, des appartenances (curriculum, origines ethniques, etc.), des diverses approches de terrain et des sensibilités individuelles, les réactions posturales que nous exploitons s'inscrivent tant dans le champ de l'interactionnisme symbolique que dans celui de l'ethnométhodologie.

L'héritage de Janusz Korczak ou comment réduire la violence

Les prémices de communication chez le bébé se traduisent par des cris, des pleurs et des mouvements plus ou moins saccadés des membres inférieurs et supérieurs, voire une agitation du corps tout entier. Très tôt, les jeunes enfants prennent conscience qu'ils peuvent réagir, qu'ils peuvent exercer des droits tels que le droit d'opinion ou

[129] Concernant le concept d'œil ethnographique, *cf.* le positionnement théorique du MAINE (Mouvement de l'Analyse Institutionnelle et de la Nouvelle Ethnographie), *in op. cit.*, *L'École, les jeunes et la déviance* (sous la direction de Patrick Boumard), Paris, Presses Universitaires de France, 1999.
[130] Au sens ethnométhodologique du concept proposé par Alain Coulon *in* Alain Coulon, *L'ethnométhodologie*, Paris, Presses Universitaires de France, Collection Que sais-je ? n°2393, 1987.

d'expression, mais, trop souvent, leur démarche s'inscrit dans un rapport quotidien avec la violence, avec des adultes (parents et éducateurs) ou avec d'autres enfants.

Dans le quotidien des acteurs, dans les histoires de vie qu'ils construisent, les comportements violents ne peuvent cesser sans la mise en place de procédures et de processus spécifiques. A l'instar de Janusz Korczak, il s'agit d'amener chaque jeune à se poser la question du droit au respect, tant pour lui-même que pour les autres, et a fortiori, pour tous ceux avec qui il se retrouve en interaction ou en interrelation.

En équipe, avec Michel-Patrick de Miras[131] ou seul, j'ai observé de nombreuses situations de violence scolaire et j'ai assisté à de nombreux conflits mettant en cause des élèves.

Je sais, que, depuis des décennies déjà, certains enseignants,[132] de France et d'ailleurs, mettent en place à l'école, des dispositifs korczakiens.[133] Ils les expérimentent toujours au travers d'un fonctionnement collectif dans le cadre des diverses activités menées à l'intérieur de la classe.

À partir du moment où le « droit au respect de chaque membre du groupe classe » devient central dans leur questionnement collectif, les enfants mettent très vite en place des dispositifs qui s'inscrivent dans la lignée de ceux du « Vieux Docteur ». Parmi les dispositifs que j'ai pu observer depuis de nombreuses années, dans des classes de niveaux divers, j'ai choisi d'en présenter quatre : le règlement intérieur, le conseil de coopérative, le tribunal des pairs et le journal scolaire.

---

[131] Nous travaillons ensemble depuis trente ans.

[132] De classes élémentaires généralement.

[133] Trop souvent, ils n'en ont pas la connaissance, à l'instar de Remi Hess qui admet : « Ainsi, j'ai été Korczakien sans le savoir pendant vingt ans. », Remi Hess et Kareen Illiade, « Moment du journal et journal des moments », *in Les moments pédagogiques*, Traduction Anna Royon-Weigelt, Editions Economica Anthropos, Collection Éducation dirigée par Lucette Colin, Paris, 2006, p.79.

Certes, ces quatre dispositifs se retrouvent dans d'autres pédagogies que celle qui a été initiée par Janusz Korczak, comme, par exemple, en France, dans celles de Célestin Freinet ou de Raymond Fonvieille, mais ce sont toujours des dispositifs de classe régulateurs et réducteurs de violence scolaire.

Le règlement intérieur

Dans de nombreuses classes, il suffit d'un ou de quelques élèves perturbateurs pour que l'ensemble des élèves se trouve pris dans un réseau de conflits et que le climat de violence règne de façon quasi permanente.

Très souvent, l'enseignant et les élèves partent du constat que la violence de quelques-uns dérange l'ensemble du groupe. Il convient alors de procéder collectivement, au cours de réunions, à l'élaboration de règles communes simples dont la construction s'avère indispensable pour l'ensemble du groupe-classe et qui peuvent s'articuler sur le pré-requis korczakien : respecter chacun. Ce pré-requis doit s'appliquer à tous.

On enrichira ce cadre minimal de normes applicables à tous, au fur et à mesure des besoins de chacun des membres du groupe.

Le conseil de coopérative

De nombreux mouvements pédagogiques revendiquent des pratiques qui reposent sur les principes de la pédagogie coopérative. Parmi les dispositifs que leurs tenants[134] utilisent, le conseil de coopérative émane directement des théories korczakiennes.

---

[134] L'Office Central de Coopération à l'École (O.C.C.E.), cf. http://www.occe.coop.

Ce dispositif permet l'expression des diverses opinions des membres du groupe selon différentes règles de fonctionnement élaborées par les élèves.
Cette instance institutionnelle revêt des formes diverses, en fonction de la personnalité des enseignants et des élèves de la classe.[135]
Dans ces moments de vie scolaire (comme le disent également René Lourau ou Raymond Fonvieille), l'enseignant peut travailler la notion de projet collectif. Les élèves peuvent demander la réunion plénière du Conseil de coopérative quand l'actualité de la classe l'exige (exemple : projet éducatif) ou que se présente un conflit d'opinion relatif au non respect d'un des points du règlement intérieur. Pour cela, il me paraît important que les élèves élus établissent l'ordre du jour et qu'ils gèrent le cahier d'activités. Cela permet de conserver une trace qui participera à la constitution de la mémoire collective et qui donnera la possibilité à chacun de contrôler les décisions votées par la majorité du groupe classe.

Le tribunal des pairs

Quand de nombreux conflits perturbent la vie de la classe ou que le niveau de violence devient extrême, la classe[136] peut se doter d'un organe de gestion des conflits qui s'apparente au « tribunal des pairs » élaboré par Janusz Korczak.
Grâce à cette institution, les plaignants peuvent porter plainte par écrit pour demander réparation d'une « affaire » pour laquelle ils estiment que justice doit leur être rendue.

---

[135] Une recherche menée dans le cadre du CERPPE (laboratoire de l'Université de Rennes II Haute-Bretagne), sous la direction de Patrick Boumard, nous a permis de voir fonctionner de nombreux conseils de classe et de coopérative.
[136] Voire l'école.

Cette instance peut fonctionner avec deux ou trois juges et un avocat pour défendre chaque affaire.
Les citations à comparaître se font auprès des juges qui instruisent l'affaire en recherchant les causes du conflit et les raisons de l'acte de violence physique ou verbale.
Les juges changent après chaque séance du tribunal. La nomination des avocats dépend du choix de l'enfant cité. Si les enfants sont présents en classe un samedi sur deux, on peut fixer les réunions ce jour-là.

Le journal scolaire

Ce dispositif commun d'écriture qu'utilisent de nombreux enseignants s'apparente à *Maly Przeglad* (la *Petite revue*), le « journal fait par des enfants pour les enfants », mis en place par Janusz Korczak au début du XXe siècle.
Le comité de rédaction de ce journal, entièrement écrit par des enfants et diffusé sous forme d'encart dans un hebdomadaire national, ne comportait qu'un seul adulte qui siégeait à son Comité de rédaction : « un vieux chauve à lunettes, pour qu'il y ait de l'ordre ».[137] Connue dans toute la Pologne d'alors, forte d'un réseau de 2 000 petits correspondants de presse en province, mais aussi dans d'autres pays, comme la France, *Maly Przeglad* tirait à 150 000 exemplaires, chaque semaine. Sa parution ne s'arrêta qu'à l'invasion du pays par les nazis.
Janusz Korczak voyait, dans ce moyen de communication écrite, un formidable support d'incitation à la lecture, un instrument d'auto-éducation, un moyen de diffuser des points de vue, un véhicule d'expression des différences, un outil de solidarité et de promotion des droits de l'enfant... un réducteur de violence.
Pour un enfant, écrire est toujours difficile. Grâce au journal scolaire, les élèves, à partir de leurs observations et de leurs

---

[137] Auto-étiquetage de Janusz Korczak lui-même.

expériences vécues, enrichissent et renouvellent leurs productions écrites. Ces efforts individuels de réflexion et de rédaction les amènent à admettre qu'il doit s'écouler un certain laps de temps entre la volonté de s'exprimer et l'expression elle-même.
Lorsque, dans les classes, voire parfois dans les écoles, les enfants utilisent un dispositif collectif favorisant la production d'écrits qui s'apparente au journal de Janusz Korczak, il convient que ce dernier s'inscrive dans une mutualisation des moyens et permette une gestion des conflits. Chaque numéro doit s'élaborer avec un comité de rédaction comprenant des enfants élus.[138] Le comité de rédaction peut se charger d'écrire collectivement l'éditorial. Il détermine les articles qui formeront le numéro dont il assume la responsabilité. Ces démarches collectives, effectuées dans la transparence, permettent que le travail de chaque membre du groupe bénéficie à tous, assurent la reconnaissance de l'individu au sein du groupe classe, de l'école et de sa famille, et participent à la construction de l'identité individuelle et collective, dans une démarche respectueuse de l'autre.
Enfin, on pourrait ajouter que la mise en place de nouveaux dispositifs demande à l'enseignant ou à l'éducateur de s'impliquer dans la démarche au même titre que les enfants, condition nécessaire pour que l'élève s'autorise à construire un nouveau rapport au savoir qui lui permettra l'acquisition de nouveaux apprentissages.[139]

[138] Pour un bon respect de la parité, il suffira de choisir alternativement une fille ou un garçon comme rédacteur en chef.
[139] Bernard Jabin, « Janusz Korczak : un précurseur toujours d'actualité », *in Animation et Education*, Revue de l'Office Central de la Coopérative à l'École, n° 168, mai-juin 2002, pp. 6-7.

Bibliographie succincte de Janusz Korczak

Comment aimer un enfant (1919-1920), suivi par *Le droit de l'enfant au respect* (1928), Traduction Zofia Bobowicz (1978), deux préfaces de S. Tomkiewicz, chronologie en postface, Ed. R. Laffont, coll. Réponses, Paris, 1998, 408 p.

La gazette scolaire (1921), Traduction Zofia Bobowicz, Publication pédagogique du CLEMI (Centre de Liaison de l'Enseignement et des Médias d'Information, Ministère de l'Education nationale, Etablissement associé au CNDP), Paris, 1988, 24 p.

Le roi Mathias Premier (1922), Traduction Maurice Wajdenfeld, Editions Gallimard Jeunesse, Folio junior, vol. n° 1344 (nouvelle présentation), Paris, 2004, 446 p., publié sur Internet en 2004 par l'Association Française Janusz Korczak, sur http://roi-mathias.fr

Quand je redeviendrai petit (1925), Traduction Zofia Bobowicz, publié avec deux autres ouvrages de Janusz Korczak, réunis sous le titre *Le droit de l'enfant au respect*, coédition Laffont/Unesco, Collection Réponses, Paris, 1979, 304 p.

Les règles de la vie (1929), Trad. M-F. Iwaniukowicz, Publication pédagogique du CIDH (Centre International d'Initiation aux Droits de l'Homme, association loi 1901), Sélestat, 1993, 100 p.

Les moments pédagogiques, Traduction Anna Royon-Weigelt, Editions Economica Anthropos, Collection Éducation, 2006, 125 p.

HISTOIRE

Histoire et interculturalité dans les manuels de français langue étrangère (FLE)

Marie-Laure Jurado
Laboratoire « Crise, Ecole, Terrains Sensibles »,
Paris X Nanterre

L'histoire permet à l'individu de se construire une identité sociale et à un groupe de se construire une identité collective. Elle est nécessaire à l'individu, et surtout à celui qui vit des mobilités géographiques représentant une source d'instabilité culturelle et sociale. Pour l'historien Philippe Robrieux140, « plus il y a de sociabilité, moins il y a de déstabilisation. Moins il y a de sociabilisation, plus il y a de déstabilisation ». Pour l'individu, l'histoire fonctionne comme un élément stabilisant. L'histoire apporte-t-elle au groupe les racines d'une identité collective ?
Quelle est la vision de l'histoire et de la culture françaises dans les manuels de FLE[141] ? Ces manuels donnent-ils de la France une vision d'uniformité culturelle où l'autre est perçu selon des stéréotypes qui confortent un ethnocentrisme normatif ? Ou bien au contraire font-ils une place importante au pluriculturalisme de la société française ? Comment les événements historiques sont-ils

[140] Robrieux P., *1945-1972 - Histoire intérieure du parti communiste* Tome2, Fayard, 1981, 735 p.
[141] Cf. Jurado M.-L., "La représentation de la France dans les manuels de français langue étrangère faits en France et à l'étranger", thèse soutenue le 21 septembre 2000, Université Paris VIII.

présentés dans les méthodes par leurs concepteurs et comment sont-ils reçus par les étrangers ?
Les rapports de domination, de dépendance et d'interdépendance qui sont présents dans l'Histoire sont-ils pris en compte dans les manuels ? Quelle image de la France donne-t-on ? Parle-t-on de racisme, de chômage, de marginalisation ? La France est-elle encore présentée comme une terre d'accueil ? A partir des manuels de FLE, quelle représentation de la France peuvent se faire les étrangers ? Acceptent-ils cette représentation ?
L'étude de différentes méthodes d'apprentissage du FLE destinées aux étrangers m'a permis d'étudier les données historiques présentes dans les manuels. L'histoire faisant partie intégrante de la représentation d'une culture, on s'attend en effet à ce qu'elle soit présente dans les méthodes qui prétendent aborder la civilisation française.

Mon choix s'est porté sur un corpus de livres qui rassemble des manuels (pour débutants ou de niveau plus avancé) et des ouvrages de civilisation : 13 méthodes de FLE européennes et deux méthodes périphériques. Je n'ai pas arrêté d'autres critères de sélection. Les dates de parution des manuels vont de 1976 à 1990.
Je me suis interrogée sur la façon dont sont présentés, dans les manuels de FLE, les différents groupes (les groupes minoritaires comme les migrants par exemple et les groupes dominants) et les relations qu'ils entretiennent entre eux.
Je me suis intéressée à la façon dont l'histoire moderne et sociale est présentée dans les manuels de FLE. Est-ce que la question de l'identité sociale et nationale occupe une place centrale dans ces manuels ? Comment est utilisée la mémoire collective ? Comment l'individu étranger est-il présenté dans les manuels ? Comment se comporte-t-il dans la société française ? Quelles sont les valeurs auxquelles il croit ? Fait-il sienne une éthique fondée sur le respect de l'autre ? Qu'en est-il des Français ? Peut-on voir, dans les

manuels de FLE, une véritable communication interculturelle entre ces différents groupes ?

L'approche de la culture dans les manuels de FLE

La culture est vivante, dynamique, en perpétuel changement. Elle repose sur la notion de « partage » en termes de valeurs, de croyances et de comportements, sur la notion de transmission de ces valeurs d'une génération à l'autre, sur la notion de « structuration » de ces valeurs selon un schéma donné.
C'est l'ensemble des modes de vie propres à une société et qui sont partagés par ses membres, c'est-à-dire l'ensemble des comportements, des façons de penser, des croyances, des productions matérielles, artistiques et intellectuelles propres à une société. Chaque société enseigne à ses membres un ensemble de pratiques culturelles particulières.
Nous remarquons que les manuels étudiés ne prennent en compte que les macro-cultures. Nous notons également qu'il n'y a pas de références ni de dates relatives aux cultures extra-européennes. C'est donc une conception eurocentrique de l'histoire qui est présentée, avec une vision globale, simpliste et un manque quasi total de références artistiques extérieures (aucun tableau, statue, œuvre d'art d'origine extra-occidentale).
Claude Levi-Strauss[142] parlait d'«unification de l'humanité, [d']uniformisation de l'humanité » et notait que cette uniformisation entraînait une indifférenciation planétaire et une totale éradication des différentes identités collectives. L'ethnocentrisme conduit à déshumaniser l'autre, l' « altérisé », à le faire basculer dans l'inhumanité. Il n'existe pas de différenciation culturelle dans les méthodes de FLE. De plus, nous assistons à un désir d'auto-reproduction à l'identique, sans mélange, car les groupes

[142] Levi-Strauss C., *L'homme nu (Mythologiques IV)*, Plon, 1971.

différents du groupe majoritaire incarnent une menace pesant sur l'identité du groupe dominant et surtout sur la transmission identitaire. L'Occident présente ses intérêts comme ceux de la « communauté mondiale ». Nous relevons dans les manuels une présentation « absolue » de la culture dominante. On ne trouve pas de place pour les valeurs extra-européennes. Là où l'Occident voit des valeurs universelles, les autres civilisations voient de l'impérialisme occidental. Pourtant, les textes présentent souvent une vision lénifiante du rapport entre les cultures. Or, la « transparence » et la « perméabilité » entre des cultures différentes ne sont pas d'emblée acquises ; il peut y avoir incommunicabilité. Les manuels de FLE font l'impasse sur cette question.

On ne trouve pas d'homologie entre les manuels et la société française ; ce que l'on apprend dans les manuels n'est pas à l'image de la société réelle. Nous ne notons aucune prise en compte de l'évolution de la société française ; comment l'apprenant étranger pourrait-il s'y retrouver ? Les manuels sont obsolètes, pauvres au niveau culturel. Ils ne rendent pas l'apprenant autonome dans sa découverte de la civilisation du pays d'accueil.

Comment présenter dans un manuel le passage d'une société monoculturelle (avec un effet de classement et une notion d'universalisme) à une société pluriculturelle (qui évoque le pluralisme, la diversité) ?

Comment dépasser une vision uniforme d'une culture (avant tout européenne) et proposer une diversification en présentant une ouverture sur le monde extra-européen ?

Une présentation de l'histoire sur une longue durée peut montrer des temps particuliers qui nous permettront de mieux comprendre la complexité sociale et culturelle d'identités et de mémoires qui ne se reconnaissent pas dans l'histoire de « nos ancêtres les Gaulois ». Renoncer à une histoire de France mythologique, pour des raisons culturelles, pourrait constituer le préalable d'une recherche d'autres modèles d'identification, car la culture fonctionne en relation avec l'individu et la société, mais aussi en relation avec un environnement changeant.

Quelle représentation de la France donnent les manuels de FLE ?

Quelle histoire présente-t-on dans ces manuels?

Pour Fernand Braudel[143], une civilisation est une réalité globale, un espace, une société, une économie et un ensemble de mentalités collectives. Les civilisations sont des continuités et leur histoire s'inscrit dans la longue durée. Et pourtant, les méthodes font le choix d'une histoire-récit qui représente une conception linéaire de l'histoire qui ne raconte que la « doctrine » du pouvoir dominant. La conception de l'histoire qui prévaut en Occident met l'accent sur les réussites, les événements, les héros et entretient, puis développe, un incontestable sociocentrisme. Il suffit de relever les choix subjectifs que font les auteurs de manuels en matière de culture. Ils font une présentation « mosaïque » de la culture en sélectionnant certains monuments (Beaubourg…), des événements (La Révolution de 1789…), des grands auteurs (Voltaire, Sartre..) et des personnages politico-militaires qui sont des figures d'identification héroïque (Vercingétorix, Napoléon…), des hommes politiques (De Gaulle, Mitterrand..). Ainsi, les personnages politico-militaires et littéraires sont plus présents dans les manuels que les savants scientistes.

Le manuel a pour fonction de représenter une vision uniforme en politique, en économie, en religion, qui peut être considérée comme caractéristique d'une nation. Nous

[143] Braudel, F. *Ecrits sur l'histoire*, Flammarion, Paris, 1969.

relevons un tripartisme du temps de l'histoire : histoire ancienne, médiévale, moderne et contemporaine.

L'histoire a une fonction intégrante dans les manuels. Elle apparaît comme un outil qui donne les clés d'une société et de ses institutions. L'histoire est détournée en pratiques socioculturelles. Dans les manuels, elle sert à l'édification et à l'explication du présent. Elle se veut patriotique, narrative et nationale ; elle se réduit souvent à raconter ce qu'un personnage a fait et ce qui lui est arrivé à telle ou telle période. Elle introduit les préjugés et les stéréotypes dominants et donne une vision de la France immuable dans ses traditions, ses institutions, ses idéologies, ses pratiques économiques et sociales avec des emblèmes nationaux (le coq gaulois, le 14 juillet, Marianne) qui construisent une image d'unité nationale. Cette écriture fédératrice de l'histoire s'impose comme l'unique. On constate donc une autocentration, un européocentrisme et un ethnocentrisme affirmés, à partir de la tripartition du temps de l'histoire, avec une lecture occidentale du temps qui n'est pas celle des autres cultures.
L'histoire contemporaine, dans les manuels, couvre le 19e et le 20e siècles en France et sort plus ou moins du cadre européen, avec une petite place accordée aux pays d'Afrique et aux anciennes colonies. Dans les manuels scolaires, l'histoire subjectivée est davantage un acte de socialisation, de moralisation que d'instruction du citoyen. Ainsi, le passé change de représentation au fur et à mesure qu'on se représente le présent. Nous pouvons parler de valeur socio-intégrative de l'apprentissage d'une langue et d'une culture étrangère. Ainsi, l'histoire est essentiellement politique et guerrière, elle met en avant l'esprit patriotique des Français.
De plus, notre étude a montré une absence criante des aspects multiculturels de la société française et des cultures étrangères. Les références à l'histoire servent à justifier, à

glorifier la modernité présente avec les réalisations de l'urbanisation, l'idéologie du développement, la légitimation du progrès occidental. Elles ont pour but de fixer notre appartenance à un groupe national, social, familial, à l'aide d'une systématisation.
On peut légitimement se poser la question de savoir quelle histoire on enseigne et peut enseigner à des apprenants étrangers. Le choix de l'événement et des références historiques n'est pas neutre : certaines représentations politiques et institutionnelles du passé sont privilégiées. En somme, des hommes dits illustres font et sont l'histoire, considérée comme un ensemble d'événements politiques et militaires. L'histoire des manuels est descriptive et normative, elle montre l'homme tel qu'il doit être, elle fabrique l'homme français.

Quels sont les espaces géographiques qui sont évoqués dans les manuels de FLE ?

Il convient de faire appel aux facteurs humains pour comprendre les formes actuelles de différenciation du monde et approcher une géographie des réseaux culturels qui serait une « géographie culturelle », patrimoniale et historique comme le suggère Roger Brunet[144]. On peut identifier des lieux et des groupes, des comportements socio-langagiers, des représentations de l'espace, des rapports aux lieux, aux langues, dans une approche croisant la sociolinguistique et la territorialisation
Comment fonctionne la relation entre l'espace et la population ? Dans les manuels de FLE, quelques villes sont représentées, surtout les grandes villes comme Paris, avec ses monuments historiques. Parfois apparaissent en

---

[144] Brunet R., Ferras R, Théry H., *Les mots de la géographie, dictionnaire critique,* La Documentation Française, 1992, 3e édition revue et augmentée, 1993, 520 p.

contrepoint, des villes de banlieue avec leurs bâtiments massifs et leurs grands ensembles qui participent à la ségrégation socio-spatiale ; c'est alors que l'on peut apercevoir des individus migrants, qui habitent dans cet ailleurs. Cette spatialisation pourrait faire penser à des villes qui produisent des exclus, des personnes déclassées socialement. Chacun construit son espace selon son groupe de reconnaissance ou d'appartenance avec ses limites et ses frontières. Des thèmes importants sont omis comme le surpeuplement des logements dans les grands ensembles.
Les mutations économiques et les transformations urbaines caractérisent la société industrielle soucieuse d'un espace urbain qui vante la modernité, l'excès. Cette société rationalise les manières de vivre, les comportements individuels dans les domaines économique, politique, ethnique. Un discours ségrégatif pose de fait des lieux comme spécifiques de tel ou tel groupe social dans la ville.

Les méthodes de FLE évoquent la vision du futur de la société française plutôt que celle de son passé. Elles uniformisent les modes de vie, le caractère national et l'ordre identitaire avec ses aspects invariants, immuables. Les manuels ne traitent pas de la difficulté des constructions identitaires, notamment de certains troubles liés à l'absence de repères identificatoires, ni des défaillances identitaires chez certains jeunes des sociétés post-industrielles. Seuls, les questionnaires illustrant les « valeurs des jeunes » mettent au jour des peurs comme la violence, l'immigration qui apparaît comme menaçante pour l'ordre public, et l'hétérophobie.

Peut-on parler de ségrégation clairement identifiée du point de vue spatial ? Les manuels en donnent une certaine présentation, rassurante, avec une alternance entre mode de vie à la campagne et à la ville, qui se résume aux activités ludiques (ville) et à une attitude en général passive

(campagne). Quant aux lieux géographiques traversés ou occupés, ils ne présentent pas de spécificité particulière, sauf à travers le prisme du folklore, comme par exemple la Bretagne ou les Alpes. Dans leur ensemble, les manuels présentent des familles bourgeoises, à l'abri, vivant dans une maison spacieuse, et très peu en appartement. Quand la famille vit à la ville, elle est située dans un quartier calme. Dans les manuels étudiés, nous ne relevons qu'une seule famille typiquement ouvrière. L'espace urbain se caractérise par la juxtaposition d'espaces spécialisés (lieux de vie, de loisirs...).
On peut lire également dans les manuels que l'urbanisation contribue à un classement des peuples, l'Europe se trouvant en première position. Pour les mondes gréco-romain et occidental, la conquête est le plus souvent positivement valorisée. A l'inverse, l'expansion des autres est fortement condamnée, car elle peut conduire à un recul de civilisation.

Comment est traitée la question sociale dans les manuels de FLE ?

L'approche d'une culture étrangère résulte souvent, dans les manuels, d'une opération de simplification et de généralisation qui reproduit la spécificité d'un groupe culturel ou d'un pays.
Le groupe social des ouvriers est toujours très peu représenté. Les groupes sont toujours appréhendés d'après des critères relatifs au sexe, à la génération, à l'appartenance locale, à la classe sociale.
L'individu est approché en tant que type idéal, introuvable dans la vie quotidienne, dépourvu de toute représentativité. Le contenu socioculturel véhiculé dans les manuels est réducteur et reflète peu la diversité des groupes sociaux. Sont représentées, en général, des activités répétitives, des personnes et des situations stéréotypées. Les manuels n'abordent pas les conditions politiques et sociales des pays

présentés ; on n'y montre pas de marginalité, de racisme, de violence.

L'autre dans les manuels est associé à l'hétérophobie, à la peur des agressions, de l'immigration. L'acculturation n'est pas évoquée.
Les manuels ne présentent pas la diversité des groupes sociaux, on ne trouve pas d'étranger ni de fils d'immigrés, ni de personnes de couleur. Dans les sondages d'opinion tels que « les étrangers, comment les voyez-vous ? », la parole n'est donnée qu'aux Français et les étrangers ne sont pas interviewés. Les représentations liées aux étrangers sont la peur qu'ils suscitent, la violence qu'ils expriment et l'insécurité qu'ils inspirent. Ils sont exclus d'une identité sociale qu'ils auraient pu avoir en commun avec les Français, et on leur attribue une autre identité, ancrée dans la peur de l'autre. On fustige l'étranger en lui attribuant des valeurs négatives et en le dépréciant.
Les manuels de FLE présentent une illustration des villes, des modes de vie, des rues, du système socio-politique dans lequel la pauvreté n'existe pas.
En somme, la culture « cultivée » est vulgarisée (arts, littérature, histoire...). La description du social se fait d'un point de vue mécaniste, naturaliste, discriminatoire, ce qui revient à dire que les méthodes d'apprentissage du français ne favorisent pas la présentation d'un « nous-commun » à l'ensemble des Français.
Cette conception est essentiellement eurocentrique et l'Afrique, par exemple, est appréhendée uniquement en fonction de la trace que les Européens y ont laissée. La présentation d'une culture étrangère résulte d'une opération de simplification et de généralisation. L'appartenance à une classe sociale se traduit par un ralliement à une vision particulière, à un système de valeurs, à des pratiques qui déterminent des usages sociaux. Le groupe social des ouvriers est très peu représenté dans les manuels. De plus,

la population inactive est à peine suggérée, voire absente de la majorité des manuels.

Une France une et indivisible ?

Les manuels de FLE montrent une vision d'uniformité culturelle de la France car ils présentent un modèle de culture unique et occidentale. Des processus tels que la transmission culturelle[145] et l'acculturation semblent s'effectuer normalement, sans heurt, sans rejet, sans questions. La culture est ainsi vue comme une adaptation de chaque individu au contexte socio-politique et comme un ensemble d'éléments qui constituent l'identité des individus.

Il ne s'agit pas, dans les manuels, de faire une étude ethnographique, mais d'illustrer différents segments de la société, souvent simplifiés dans leur appréhension et approchés à l'aide de stéréotypes. Les situations sont créées et présentées dans des contextes précis qui leur donnent une crédibilité culturelle. Elles sont données comme comportement habituel. La diversité culturelle n'est pas présentée. L'éducation traditionnelle semble adaptée aux besoins de la société car elle fédère l'esprit communautaire et vise à l'intégration de tous ses membres. La société présentée dans les manuels se veut intégratrice et unidimensionnelle.

La culture de l'Occident occupe la première place dans une sorte de classification des cultures, de la plus civilisée à la plus primitive. L'Occident projette ses modèles sur les cultures étrangères en général, et en particulier son système économique, politique et sociologique. On ne peut aboutir à un ordre international en réduisant la diversité des peuples à

[145] Enculturation et socialisation.

une uniformité universelle. Les manuels n'accordent pas une égale légitimité à toutes les cultures. L'ethnocentrisme place le modèle européen au centre, comme l'unique modèle de culture, et il entraîne le rejet du non connu et par là même la « défense » du territoire. L'hétérophobie (ou l'allophobie) culturelle, liée aux particularités historico-géographiques, s'exprime par des réactions élémentaires de méfiance et de crainte envers l'inconnu ou l'étranger, perçu comme un ennemi et donc rejeté.
Les manuels font intervenir des modes de rationalisation économique, politique, psychologique ou culturelle pour justifier des attitudes ou des conduites d'exclusion[146]. Le « préjugé racial » remplit une fonction de légitimation, car il « justifie » une situation de domination ou d'exploitation. Le racisme des manuels est plus centré sur l'identité culturelle que sur les catégories raciales.

Identité/ Altérité

La perception sociale des migrants est souvent stéréotypée ; ils semblent confrontés à une même situation d'acculturation et chacun semble adopter des stratégies différentes pour revendiquer ou non sa culture. La reconnaissance des différences provoquerait une nouvelle prise de conscience de sa propre identité, une mise en perspective et une révision de soi entraînant une fonction de distanciation.

L'altérité urbanisée pourrait être présentée sous ses différents aspects : géographique, linguistique, groupal.
On sait que l'altérité liée aux espaces est le produit de la territorialisation urbaine. L'altérité et l'étrangeté sont mises à distance dans une différenciation des espaces et dans une mise en place des frontières intra-urbaines. Les espaces et

[146] Ségrégation, expulsion.

les territoires engagent une hiérarchisation des groupes et des personnes qui les occupent. Elle est la conséquence d'une spécialisation sélective des lieux qui reviennent aux groupes ségrégués et que l'on stigmatise par l'attribution d'espaces marqués par une appartenance quasi marginale à l'ensemble urbain, en dehors des centres villes. Or, cet aspect-là n'est pas évoqué dans les manuels. La société française pluriculturelle est à peine mentionnée. Des quartiers ethniques, de la « ghettoïsation », on ne parle pas, ni de la cohabitation pluriethnique parfois conflictuelle. On ne trouve pas de trace des tensions sociales. La perception de l'étrangeté et de l'altérité est essentiellement négative. Les manuels ne relativisent pas les préjugés. Ils effacent ou ignorent les déterminants culturels qui représentent telle ou telle civilisation.

Une interculturalité fantasmée ?

Nombreux sont les terrains pratiques de l'interculturel. Nous l'étudierons à l'aide de la psychologie culturelle comparée qui mobilise l'anthropologie culturelle, la sociologie, la démographie, la géographie humaine et l'histoire.

D'après l'UNESCO[147], l'interculturel serait « une comparaison entre différentes cultures (l'étude comparative de phénomènes culturels), interaction entre les cultures (étude sur les processus d'interaction entre individus ou groupes relevant de différents enracinements culturels) ».

La culture peut être considérée comme une ressource de revendication identitaire, interactionniste et constructiviste, comme un produit d'interaction et d'interculturation.

L'interculturel peut permettre une meilleure compréhension entre les peuples. Les approches interculturelles permettent-

---

[147] *L'UNESCO et la question de la diversité culturelle. Bilan et Stratégies, 1946-2000*, Publications de l'UNESCO, 2000, p. 3.

elles une valorisation des savoirs autochtones afin d'éviter l'exclusion sociale ? L'homme déraciné existe-t-il ? La communication interculturelle est fondée sur le principe d'un échange et d'une interaction harmonieuse dans la rencontre des différentes cultures.

Dans les manuels, nous ne voyons pas d'individu en situation d'acculturation. Aucune discrimination entre les groupes sociaux n'est montrée. Les relations entre les groupes sociaux qui pourraient nous permettre de comprendre le fonctionnement des individus qui appartiennent aux groupes minorisés, notamment les migrants, n'apparaissent pas. Nous ne voyons que celui des groupes dominants.

Dans la construction des identités, l'habillement, le type d'habitat, le lieu d'habitation apparaissent comme des signes matériels de reconnaissance. Peut-on parler des petits magasins tenus par des Maghrébins comme signe d'assimilation et d'intégration ? On ne voit jamais la ségrégation et la marginalisation dans les manuels de FLE.

Les relations entre les groupes n'apparaissent pas non plus. Les membres d'un groupe social donné se distinguent des membres d'un autre groupe parce que chacun a une manière précise de concevoir et de percevoir certaines catégories de personnes. La perception est un phénomène social qui permet à l'individu de se construire une identité sociale[148]. Pour se construire une identité, les sujets utilisent les stéréotypes.

On va chercher à se distinguer des personnes qui ne font pas partie de notre groupe d'appartenance ; on va même parfois les dévaloriser et tout ceci pour mieux prendre conscience de notre identité sociale ou pour la renforcer. L'individu évolue au sein de plusieurs groupes auxquels il s'identifie et qui se constituent sur des « territoires » divers.

---

[148] C'est l'identité du sujet en tant que membre de tel ou tel groupe.

L'interculturalité se situe dans une certaine permanence qui fait vivre ensemble des systèmes de civilisation hétérogènes tout en créant un rapport d'altérité ; c'est le problème de l'articulation entre culture et société.
Le préjugé racial a une fonction de légitimation qui sert à justifier une situation de domination ou d'exploitation.
L'individu est toujours en situation. L'acculturation subit une dévalorisation par les stéréotypes et les préjugés négatifs induits par les rapports entre la société d'accueil et le groupe d'origine. Les stéréotypes permettent de classer, de regrouper des objets et des personnes en fonction des attributs qu'ils possèdent.
Les stéréotypes pourraient jouer un rôle de renforcement de la cohésion des groupes. Ils sont une généralisation, une référence à une catégorie ; ils aident les individus à se faire une idée des choses. Les stéréotypes interethniques sont souvent liés aux modes de relations entre les groupes humains ; ils constituent un procédé de caractérisation et de classification qui a des répercussions sur la communication interculturelle.
La quête identitaire met en relation la catégorisation avec l'identité et le mécanisme de comparaison sociale. L'individu cherche à se fabriquer une identité positive. Chaque groupe tend à se comparer à d'autres, ce qui fait que la dévalorisation de l'autre est presque toujours liée à la valorisation de son propre groupe.
A toutes les époques, les colonisateurs et les oppresseurs ont justifié leur pouvoir en donnant une image dévalorisante des ethnies et des peuples soumis. Il s'agissait de schématiser pour maîtriser son environnement. La frustration crée un état de tension et l'on tend à se défouler sur un bouc émissaire. Ce sont souvent les groupes les plus faibles, comme les étrangers, qui sont choisis comme cibles des attaques. Le migrant est confronté à une culture dominante. La diversité qui caractérise nos milieux de vie n'est pas représentée dans les manuels. Ils ne permettent pas

un quelconque apprentissage interculturel car on ne donne pas à voir les différentes cultures en présence.
Les approches interculturelles se nourrissent des diverses sciences sociales et humaines. Ainsi, l'interculturel couvre aujourd'hui tous les champs, de la rencontre interpersonnelle à la géopolitique internationale. La relation interculturelle passe par l'histoire ; elle conjugue le passé, le présent et le futur. L'éducation interculturelle doit s'ouvrir pour effectuer un travail au plan historique, ethnique et social. Il n'existe pas, dans les manuels de FLE, de communication interculturelle, mais une exportation du modèle culturel français à l'étranger. La méconnaissance des codes des autres cultures conduit à toutes sortes d'analyses erronées et de jugements de valeur.
L'histoire de France comporte de grands vides : ce sont les silences de l'histoire. Par exemple, on ne dit rien de l' « incorporation » des migrants Nord-Africains dans la société française.
L'interculturel s'étudie en fonction des valeurs culturelles, morales et cognitives des personnes en présence. Il est important d'introduire l'interculturel dans les manuels de FLE, avec des règles bien précises. Il est nécessaire, d'une part, de légitimer les cultures et d'autre part, de présenter des individus qui évoluent dans leur culture et dans celle des autres.

Vers une éthique du manuel de FLE

C'est à l'aide des images historiques que l'on peut donner à voir une certaine unité du pays. Les manuels présentent une France stéréotypée, avec des traditions, des institutions, des idéologies et des pratiques sociales. Ainsi, la rationalité occidentale que l'on pourrait qualifier de techno-socio-centriste subordonne l'homme à la technique et constitue un réel obstacle pour la compréhension intersubjective et interculturelle. Il est important de construire une démarche éthique au service de la communication et de la compréhension entre les différentes cultures, respectueuse de la diversité humaine et des morales.

La civilisation technique ou urbaine a affirmé la supériorité de certains peuples sur d'autres. Ces peuples adhèrent à des systèmes de valeurs différents qui entraînent des incompréhensions, voire des oppositions. Le système de valeurs européen est lié à l'argent, à des considérations matérialistes, au travail, à l'idéologie du progrès. On ne parle pas, dans les manuels, du gaspillage de la société, des pollutions de l'industrie, des marginalités et des exclusions, qui touchent pourtant de nombreuses personnes.

Aujourd'hui, les pays sont exportateurs de compétences et la migration d'élites professionnelles représente une nouvelle forme de migration internationale. Les manuels n'en parlent pas. Pourtant, ce phénomène entraîne de nouveaux savoir-être comme se déplacer dans l'espace et se repérer dans les hiérarchisations sociales.

Une nouvelle forme de guerre contemporaine culturelle se manifeste par une conquête pacifique du pouvoir politique, et passe par une prise de pouvoir idéologique et culturel. Les mutations sont donc liées aux actions humaines. Nul ne peut vivre dans un isolement total. Il n'existerait donc pas d'intégrité culturelle.

Il est urgent de mener une réflexion éthique qui permette à tous de s'intégrer dans la société et de parvenir à une tolérance ethnoculturelle.

Le philosophe Emmanuel Levinas[149] parle de « réduction de l'autre au même » en dénonçant une ontologie totalitaire. Fait-on quelque chose pour reconnaître l'autre qui semble jusqu'à présent enfermé dans une « absolutisation de l'altérité » ? En cela, notre recherche sur les manuels dénote un refus de la prise en compte des aspects interculturels de

---

[149] Levinas, E., *Humanisme de l'autre homme*, Paris, Le livre de Poche, 1990.

la société française. Il serait bon de réfléchir à une pédagogie de l'interculturel, incluant un travail sur la relativité, l'identification, l'éducation multiculturelle et la fonction sociale de l'histoire.

Conclusion

Dans les manuels, l'histoire se veut patriotique, nationale ; le discours historique est essentiellement idéologique. On ne voit pas l'aspect socio-intégratif de l'apprentissage d'une langue et d'une culture étrangère. Les aspects multiculturels de la société française sont absents. On ne trouve pas de traces de cultures étrangères dans la vie en France telle qu'elle est évoquée. Il n'y a pourtant pas (ou très peu) de pays mono-culturel. La société française, en particulier, est un mélange d'autochtones et de migrants de diverses époques et de diverses origines géographiques.

En luttant contre les exclusions et les inégalités sociales, on éliminerait les risques d'approches communautaristes. On ne veut pas reconnaître les différences culturelles dans la vie comme dans les manuels. Une démarche de reconnaissance objective de ces différences s'impose. Certes, la relation est difficile entre la culture maternelle de l'apprenant et la culture étrangère qu'il découvre et un travail spécifique d'approche de cette culture est à opérer. La société moderne française est présentée dans une vision eurocentrique de l'histoire. L'historien travaille sur la représentation du passé pour le rendre compréhensible aux citoyens d'aujourd'hui et pour établir un lien entre histoire et culture.

Les manuels de FLE illustrent l'incommunicabilité entre les groupes et l'absence de relation à l'autre. Comment peut-on exister dans la différence ? Ils ne le disent pas.

L'étranger qui a étudié avec le manuel de FLE va vivre un choc, voire un traumatisme à l'arrivée dans le pays

d'accueil, car une forte distance existe entre la réalité construite du manuel et la vie.
Les nouveaux réseaux qui se tissent à la suite des migrations modifient nos rapports à l'espace, au temps et au savoir. Nous vivons la mondialisation de l'économie, de la culture, de la société. Il faudrait imaginer des sociabilités autres et rendre la culture accessible au plus grand nombre. La formation des enseignants et des concepteurs de manuels de FLE à la « pédagogie et aux études interculturelles »[150] reste à développer. L'interculturel doit être travaillé à l'aide du questionnement et doit favoriser la compréhension des relations qu'entretiennent les différents groupes culturels avec leur histoire et avec le monde proche et lointain qui les environne.

Références bibliographiques

Abdallah Pretceille M., Porcher L. (1996), *Éducation et communication interculturelle,* Paris, PUF.

Braudel F. (1969), *Écrits sur l'histoire,* Paris, Flammarion.

Brunet R., Ferras R., Théry H. (1992), *Les mots de la géographie, dictionnaire critique,* La Documentation Française, 3e éd. revue et augmentée.

Dasen P.R. *Everyday cognition* in M.H. Segall & P.R. Dasen, & J.W. Berry & Y.H. Poortinga (1999) *Human behavior in global perspective. An introduction to cross-cultural psychologie* (revised 2d ed, pp.171-197), Boston: Allyn and Bacow.

---

[150] Dasen, P.R. *Everyday cognition* in M. H. Segall & P. R. Dasen & J.W. Berry &Y.H. Poortinga, *Human behavior in global perspective. An introduction to cross-cultural psychologie* (revised 2nd ed, pp.171-197). Boston: Allyn and Bacow, 1999.

Groux D., Porcher L. (2003), *L'altérité*, L'Harmattan, (Collection Cent mots pour).

Levinas E. (1990), *Humanisme de l'autre homme,* Paris, Le Livre de Poche.

Levi-Strauss C. (1971), *L'homme nu,* (Mythologiques IV), Plon.

Morin E. (1987), *Penser l'Europe,* Paris, Gallimard.

Obin J.P., Coulon A. (1999), *Immigration et intégration,* Paris, Hachette.

Porcher L. (1980), *L'interculturalisme en Europe,* Strasbourg, Conseil de l'Europe.

Robrieux P. (1981), *1945-1972 Histoire intérieure du parti communiste T2,* Fayard.

RECENSIONS

Verdelhan-Bourgade M., Bakhouche B., Boutan P., Étienne R. (coord.), ***Les manuels scolaires, miroirs de la nation ?***, Paris, L'Harmattan, 2007, 294 pages.

Avant d'avoir découvert cet ouvrage, je n'étais pas loin de croire que les analyses de manuels scolaires étaient passées de mode, après avoir pourtant connu un passé glorieux, notamment dans la période suivant celle de l'émergence des grandes théories sociologiques des années 1960 (Bourdieu et Passeron, Baudelot et Establet, Boudon) et au cours de laquelle on cherchait à déceler, à travers les textes de toutes sortes, les discours et, bien sûr, les manuels, quelle culture était transmise à qui, et comment. Période dite de l'ouverture de la « boîte noire » marquée notamment, en France à partir des années 1970, par les travaux de Viviane Isambert-Jamati et de son équipe, dont j'étais.

Un chercheur ne peut qu'être satisfait de voir une équipe reprendre un objet lui paraissant important pour comprendre la manière dont l'école véhicule la culture qu'elle a charge de transmettre, les valeurs sur lesquelles elle s'appuie, les idées voire les préjugés qu'elle peut privilégier. Les manuels sont incontestablement un vecteur important de cette transmission sous toutes ses formes (le texte bien sûr, mais aussi l'iconographie) ; et il est évident que les auteurs de manuels, qui sont souvent des enseignants expérimentés, ont dans ce domaine une responsabilité particulière.

De surcroît, cette équipe le fait de belle façon, en s'appuyant sur une vraie problématique (les manuels sont-ils miroirs de la nation ?), sur un travail et une réflexion collectifs (un séminaire d'études doctorales, une journée d'hommage à Pierre Guibbert), sur un groupe de coordination (le comité scientifique) dont on devine aisément la cohésion et les compétences. En ouvrant cet ouvrage, j'aurais pu craindre de retrouver comme c'est trop souvent le cas dans les ouvrages collectifs, une succession d'articles sans véritable lien, sans un vrai fil conducteur. Au contraire, ici, la problématique a été tenue, et même très bien tenue. Et elle est, de plus, en pleine actualité, au moment où se construit l'Europe, à partir de nations qui doivent mieux se connaître pour respecter les valeurs de l'autre, face à la mondialisation et à la montée des communautarismes.

Pourtant, les cas d'analyses sont très divers. En fonction des disciplines retenues : les manuels de lecture, d'histoire, d'éducation physique et sportive, d'enseignement des langues étrangères, de sciences… En fonction des époques. En fonction des pays et des cultures qu'ils représentent : outre la France, l'Allemagne, la Chine, l'Espagne, la France, la Grèce, Israël et la Palestine, la Russie et la Syrie. Ils sont regroupés par thèmes, de façon très logique lorsqu'on y réfléchit (construction du modèle national, le manuel et l'histoire des autres, la langue, la nation et les manuels, les manuels, l'histoire et les images, les valeurs nationales et les manuels), suivis d'hommages à un savant dont on sent à la fois la compétence et l'humanité, et précédés d'une préface de très haute qualité. Au total, de beaux textes, à découvrir par tous, et par chacun en fonction de sa propre histoire.

Concernant les contributions, j'ai bien sûr des choix, qui n'engagent que moi. J'ai d'abord été attiré par les textes sur l'aspect plurinational, car cela me paraissait une dimension particulièrement intéressante : « L'histoire de l'autre, une réalisation israélo-palestinienne » et « L'exemple du Manuel d'histoire franco-allemand », par les analyses à dimension historique et « Lectures courantes des écoliers français », qui m'a permis de retrouver mon propre premier livre de lecture. Mais ce n'est que mon choix, qui ne remet aucunement en cause les autres textes, tous de grand intérêt.

Cet ouvrage fait honneur à la revue qui va contribuer à le faire connaître. Il devrait intéresser nombre d'enseignants, de toutes disciplines, et figurer dans toutes les bibliothèques des IUFM, à l'attention des futurs professeurs des écoles qui auront en charge la formation du futur citoyen, mais aussi des futurs enseignants du secondaire, qui ont aussi cette charge et auxquels il peut contribuer à montrer qu'un enseignement disciplinaire s'intègre à un ensemble plus large, et ne peut ni ne devrait jamais être réduit à l'enseignement strict de la discipline.

Gabriel Langouët
Université Paris V

Mochet M.-A., Barbot M.-J., Castellotti V., Chiss J.-L., Develotte C., Moore D. (coord.), ***Plurilinguisme et apprentissages. Mélanges Daniel Coste, Hommages,*** Avant-propos d'Henri Besse, Lyon, Ecole Normale Supérieure Lettres et Sciences Humaines, 2005, 360 pages.

C'est toute la richesse des travaux de Daniel Coste qui transparaît dans cet ouvrage d'hommages, sous la plume d'une trentaine d'auteurs signant 26 articles.

C'est l'occasion de revenir, dans la première partie, sur des courants, concepts ou notions centraux en didactique des langues : théorie de l'action, statut de la parole, tâche, situation, approche contrastive ...

Il n'est donc pas étonnant, lorsqu'on connaît les domaines de prédilection de Daniel Coste, que la classe et surtout ce qui en fait une réalité, voire une entité contextuelle (spécificité de l'action enseignante par exemple), fassent l'objet de plusieurs contributions. On nous rappelle ainsi l'évolution des analyses du discours pédagogique, qui ont montré que l'enseignant de langue, d'« agent d'une méthodologie », est devenu, après avoir été « vecteur de la langue à enseigner », une « source d'un agir » (Cicurel). On revient sur la notion de « tâche » et ses corollaires (progression des contenus) pour retenir qu'« il n'est pas possible de séparer les racines représentatives et communicatives du langage » (Chiss). On évoque la « présence plus affirmée de la notion de situation éducative » et sa « complexification progressive » (Beacco). On dénonce enfin le déni épistémologique qui consiste à taire le rôle des « interférences métalinguistiques » dans la constitution des erreurs d'apprenants, provoquées par « la confrontation de terminologies différentes » (Besse).

La question du plurilinguisme scolaire s'ouvre ensuite sur des réflexions qui intéressent certes la didactique des langues mais aussi la sociolinguistique, la linguistique de l'acquisition, les sciences de l'éducation, la linguistique. Politiques linguistiques, parcours d'appropriation des langues, curriculum plurilingue, récits autobiographiques d'apprenants, frontières de langues, sans oublier, bien entendu, la compétence plurilingue : ce sont autant d'objets de recherche mobilisant pour leur étude la pluridisciplinarité chère à Daniel Coste, voire l'interdisciplinarité évoquée ici par B. Py, lequel met en lumière les apports de la didactique des langues à la linguistique, particulièrement dans le domaine des contacts de langues. C'est ainsi en effet que de nombreux travaux ont « approfondi la notion d'énonciation en l'observant dans les classes », ou « analysé les fonctionnements des discours de la classe », notamment à la lumière des alternances de langues. Par ailleurs, la réflexion sur les curriculums plurilingues (Martinez) ou sur la mise en musique d'une didactique du plurilinguisme (Simon) pointe la nécessité que, de la diversité des situations, soient dégagés des invariants structurels. En résumé, les différents aspects traités dans cette partie touchent autant à des soucis définitoires qu'à des élaborations méthodologiques ou aux procédés de leur mise en œuvre. Pour le dire autrement, on trouvera dans cette section des réflexions qui se situent en amont et en aval de l'enseignement, mais aussi dans son flot. Comment élaborer une didactique du plurilinguisme, comment l'intégrer dans des curriculums, pour viser quel objectif d'apprentissage, quelle(s) compétence(s), en utilisant quel(s) outil(s), comment évaluer son efficacité, etc ? Autant de questions, et d'autres encore que le lecteur découvrira, soulevées dans les dix articles de cette partie médiane.

Et c'est toujours l'attention aux autres disciplines dont il est question dans la dernière partie, qui traite des implications didactiques de l'analyse des discours et de la diversification des supports et des apprentissages. Les incipit, les brouillons, les interactions, l'enseignement à distance, l'enseignement assisté par ordinateur, Internet... des pratiques de classe diverses et foisonnantes sont explorées, qui donnent à réfléchir bien au-delà de la seule didactique des langues.

Comme l'ensemble du livre d'ailleurs, qui ouvre une multitude de fenêtres sur des paysages familiers au spécialiste des sciences de l'éducation.

« Déplacer des espaces, des territoires et des frontières » (Castellotti & Moore) : en somme, l'ouvrage ressemble bien à celui à qui il est offert, tel un « agitateur calme » (Martinez). Car ce livre, loin de dresser un tableau définitif et fixe de l'œuvre de Daniel Coste, frappe avant tout par le caractère dynamique et foisonnant des perspectives scientifiques qui y sont développées et qui sont autant d'opportunités pour tous les chercheurs de féconder leurs propres travaux.

Université de La Réunion

Aubégny J., Clavier L. (dir.). ***L'évaluation entre permanence et changement,*** Paris, L'Harmattan, collection Evaluer, 2006, 226 pages.

En France, la publication par le Haut Conseil de l'Education d'une liste de dix compétences caractérisant l'enseignant et la énième réforme de la certification des professeurs procurent un regain d'actualité à l'évaluation. Évaluer oui, mais comment ? À vrai dire, se poser ainsi la question revient à négliger l'essentiel que nous rappellent les auteurs de *L'évaluation entre permanence et changement* : évaluer oui, mais pour quoi ? Quelle finalité devons-nous donner à cette démarche dont la technicité obère souvent les enjeux ? Réunir six auteurs pour un ouvrage collectif n'est pas un exploit mais tisser par leurs propos une démonstration que vient confirmer une conclusion générale établissant les incontournables philosophiques, éthiques et praxéologiques de ce domaine d'action relève de l'exploit éditorial, surtout quand le champ visé est celui de l'évaluation.

Un premier reproche adressé à la mise en pages permet paradoxalement de souligner la cohérence de cet ouvrage : au lieu d'aligner en fin de chapitre des références identiques comme l'*évaluation en miettes* d'Ardoino et Berger (1989), présente au moins quatre fois, il eût été plus pertinent de publier une bibliographie générale puisque les auteurs se réfèrent plutôt à Ardoino, Berger et Perrenoud qu'à Barbier, Hadji et de Ketele, comme le souligne Lecointe (p. 205-206). Autrement dit, plus que l'exactitude de mesures situant sur des échelles des individus ou des organisations, c'est la valorisation qui sert de lien entre des contributions par ailleurs suffisamment variées pour satisfaire celui qui croit au terrain et celui qui croit à la raison.

Mystérieuse, la seconde partie du titre (« *entre permanence et changement* ») s'éclaire au fil des pages d'une introduction générale, anonyme comme une cathédrale, mais que j'attribuerais volontiers à Aubégny et Clavier, suivie d'un premier chapitre bien plus long que les autres, consacré à l'évaluation de projets et aux pratiques institutionnelles. Nous assistons à la construction historique d'une évaluation qui se dégage d'un contrôle strict, tatillon et juridique, finement caractérisé dans le dernier chapitre et illustré par un tableau dont le dernier état (p. 210) donne à penser qu'évaluer est avant tout un acte politique au sens le plus fort du terme. Ce développement, voire cette inflation, de l'évaluation que les auteurs datent de 1971 et de la loi sur la formation professionnelle continue se présente dans toutes les contributions plus comme un état d'esprit qui se répand que comme un savoir-faire partagé. Les deux dernières phrases de l'ouvrage pourraient en décourager plus d'un : « *Sans doute sommes-nous plus lucides, en matière d'évaluation, qu'efficients. C'est ce que révèle cet ensemble de textes... comme un crépuscule des illusions* » (p. 225). Voilà pour la permanence, la permanence d'un conflit entre la lucidité des spécialistes en évaluation et la fausse naïveté des commanditaires d'évaluations. Où se cache le changement alors ?

Il se terre bien souvent dans les recoins d'une approche aporétique comme celle de Vialle qui se donne pour projet de « *montrer l'impossibilité théorique et épistémologique d'une [...] rencontre [entre projet systémique et pratique analytique]* » (p. 129) puis qui nous mène fort habilement dans le fief de l'évaluation sommative pour nous signifier qu'il est grand temps de le démanteler au profit d'une évaluation « *formatrice pour la distinguer de l'évaluation formative dont la régulation concerne en priorité les stratégies pédagogiques du maître, et non les stratégies d'apprentissage de l'élève* » (Bonniol, 1986, p. 126 cité p. 156). Dès lors, la régulation devient le point de rencontre entre l'approche systémique et l'évaluation, surtout si on ne la confine pas dans un rôle cybernétique et qu'elle devient inventive, créatrice.

D'autres chapitres, principalement celui de Hess consacré à l'analyse institutionnelle, contrastent, par leur style plus que par leurs idées, avec celui que nous venons de citer ou celui que Caruccio Martins a produit sur le *devoir-évaluer* qu'elle étudie d'un point de vue philosophique. Ce qui ne pourrait qu'être anecdotes d'une vie de professeur et d'examinateur au baccalauréat économique devient *incident critique* et *analyseur* de graves dysfonctionnements qui « *ont montré que l'évaluation suppose une approche multiréférentielle des situations* » (p. 73). Cette analyse des pratiques d'évaluation permet de comprendre à la fois la permanence de comportements paresseux d'évaluateurs incompétents ou fatigués mais aussi de responsables irresponsables qui leur confient examens et concours. Le lecteur se surprend à penser qu'il est regrettable que notre spécialiste de la valse doive « *arrêter sa méditation* » (p. 84) car le règlement de compte avec les professeurs Nimbus de l'évaluation fait plaisir à lire, argumenté qu'il est, et les situations décrites établissent l'importance du contexte de toute évaluation ainsi que sa nécessaire remise en question en utilisant notamment le cadre de l'analyse institutionnelle.

Enfin, chacun à sa manière, Clavier et Lecointe traitent du devenir de l'évaluation dans des chapitres dont l'intitulé a en commun le mot rationalité et l'utilisation de la copule, mais l'un parle de l'imaginaire et l'autre de modèles. Sont-ils si éloignés dans leurs propos ? Je crois qu'ils tentent tous deux de réaliser une synthèse de l'« *agir évaluationnel* » (p. 105). C'est ainsi que je lis le changement pour ma part : après avoir appelé de tous leurs vœux une « *culture de l'évaluation* », voilà que les responsables de tous niveaux constatent que se met en place un ensemble de pratiques, de techniques, de modèles dont ils perçoivent confusément qu'ils vont bientôt faire apparaître bien des lacunes dans leur commande : ainsi, évaluer des enseignants en prenant les dix compétences évoquées en début de recension ne peut que déboucher sur de l'arbitraire tant il reste à faire de travail avant de comprendre que l'enseignant est son meilleur auto-évaluateur et que la certification ne peut se résumer à une visite en classe ! Il est certain que pour la dimension éthique de cette profession, présente dans la première compétence, il va falloir s'inspirer de ce qu'en disent les différents chapitres de cet excellent ouvrage et reconnaître qu'on ne peut pas l'observer, évidemment.

Aubégny et Clavier ont su réunir des auteurs différents qui travaillent sur des dimensions variées et sur des objets contrastés mais qui donnent tous un primat à la valeur, voire à la valorisation, dans l'acte évaluatif et cela avait déjà été établi par de Peretti d'où une permanence qui explique le développement de notre lucidité. Le changement, lui, peut trouver son origine dans le fait que nous n'avons plus à disserter sur l'évaluation qui se pratique systématiquement dans les classes depuis longtemps et dans les organisations éducatives plus récemment. Ce livre a pour principal mérite de donner des repères forts, établis par des recherches et éprouvés à l'occasion de pratiques, sur ce qu'évaluer veut dire pour éviter d'être submergés par la déferlante quantitative que Pisa (évaluation périodique des compétences des jeunes de seize ans financée par l'OCDE) et son exploitation médiatique ne font que préfigurer !

Richard Étienne
Université Paul Valéry Montpellier 3

Rosarii Griffin C. (Hrsg.), ***Education in the Muslim World : Different Perspectives*****,** Oxford, Symposium Books, 2006, 344 pages.

Ce livre, issu d'un colloque, traite une thématique probablement peu connue en sciences de l'éducation, du moins en Europe occidentale. L'approche est comparée. Les perspectives dont il est question dans le titre dérivent du fait que les quatorze auteurs présentent des études de cas sur des discours et des stratégies, pour la plupart nationales, des liens entre la pensée et la foi islamiques et les politiques d'éducation et de formation de différents pays. Les perspectives sont différentes aussi par le fait que les auteurs sont issus ou font partie à différents degrés des cultures et des pays qu'ils ou elles analysent, et s'y identifient plus ou moins (perspectives *etic* et *emic*[151]).
Comme le constate C. Rosarii Griffin (Cork, Irlande) dans son introduction, les événements du 11 septembre ont mis à l'arrière-plan de nombreux problèmes politiques et en ont révélé ou accentué d'autres. Dans une sorte de « renaissance négative », des questions de principe sont devenues davantage d'actualité : la question des valeurs, celle de la cause de possibles conflits de valeurs entre les mondes occidental et islamique, et donc aussi la question des idéaux d'éducation et de formation que les différents systèmes normatifs propagent et contribuent à reproduire. Le but du livre n'est pas et ne pourrait pas être de couvrir toute l'amplitude et la complexité du monde islamique. Il s'agit

---

[151] Une description ou analyse « emic » d'un comportement ou d'une pratique situés dans un contexte culturel, faite par une personne appartenant et s'identifiant plus ou moins à cette même culture, est culturellement spécifique. Une description ou analyse « etic », en revanche, est faite par un observateur qui est extérieur à la culture objet de la description ou analyse, donc la perspective « etic » se veut plus objective.

plutôt à travers un choix limité, et en même temps éclectique, de montrer que l'éducation et la formation, dans les pays fortement influencés par l'Islam, forment un système hétérogène ; le rôle de la religion islamique n'est donc pas défini de la même façon dans chacun des pays et des systèmes de formation décrits dans le livre.

La première contribution (Singh) illustre les relations entre l'Islam et l'Occident en politique et dans les arts, les sciences et les lettres pendant le Moyen Âge. L'auteur retrace le parcours parallèle de l'Islam et du Christianisme, parcours pas toujours conflictuel malgré de « *serious attitudinal differences* » historiques et actuelles.

Les contributions de Shaw (États du Golfe et Arabie Saoudite), Niyozov (Tadjikistan), Demirel (Turquie), Levers (Iran), Brock / Dada / Jatta (Afrique Occidentale), Oh /Roberts (réfugiés palestiniens au Liban), Galloway (Bosnie Herzégovine), Ayala Milligan (Philippines du Sud), Bahia (Afghanistan), Mina (Égypte) décrivent et analysent les conditions des politiques éducatives et le décalage souvent présent entre objectifs déclarés (rhétoriques) et besoins d'un côté, et réalités dans les régions géographiques qui n'ont pu sortir que récemment de situations de guerres et de guerre civile. Quelques articles approfondissent la dimension « *gender* ».

La lecture de cette série d'études de cas nationales ou régionales ne permet pas une comparaison au sens stricte du terme, car chaque texte a sa propre structure et chaque auteur définit ses propres critères et priorités. Malgré cette restriction et celle du nombre limité de pays et de régions, (qui s'étalent cependant sur trois continents), l'éventail de stratégies et de solutions politiques est très large. *Education in the Muslim World* peut alors signifier : séparation totale entre État et religion (Turquie) et donc laïcité dans les institutions de formation. Ou, à l'opposé, État théocratique (Iran) et donc une formation fortement contrôlée par les autorités de l'Islam. Ensuite, des différences explicites de chances entre hommes et femmes (Arabie Saoudite) ou, au contraire, des programmes décidément progressistes dans lesquels les deux sexes ont ou sont censés avoir les mêmes droits (Égypte). L'adaptation d'idées et de modèles structuraux occidentaux (Égypte, Turquie) ou le refus ostentatoire de ces mêmes idées et modèles, la stratification et mixité de structures et idéologies soviétiques et socialistes, de traditions islamiques et d'innovations occidentales, sont des phénomènes ultérieurs qui montrent quelles complexités la recherche historique comparée est capable d'éclairer.

Un chapitre (Serra Kirdar) est consacré à la formation des femmes dans le monde arabe. D'après l'auteur, il n'existe pas « la femme arabe », mais d'énormes disparités dans le monde arabe, avec un commun dénominateur : la discrimination des femmes est répandue. Les différences et l'inégalité ne seraient, selon l'auteur, pas le résultat de facteurs culturels, religieux ou de développement, mais relèveraient plutôt des politiques qu'un gouvernement ou l'autre détermine et réalise (p. 193). Tout comme en Occident, mais de façon plus intense peut-être, le « *hidden curriculum* » (le curriculum caché) est efficace et à la fois peu exploré.

Une perspective encore différente est celle de Doyle, intitulée *Educational Equality, Religion and the Education of Muslim Pupils : a comparative study of France and England*. Les réponses aux demandes de reconnaissance des personnes ou des groupes de foi islamique dans les systèmes de formation des pays d'immigration sont l'objet de débats théoriques et politiques et de solutions institutionnelles depuis des décennies ; il ne s'agit donc pas d'une de ces problématiques nouvelles révélées par le 11 septembre. Dans cette étude de cas, l'auteur montre bien comment l'idée d'identité nationale postulée par les deux systèmes de formation, déterminée à son tour par l'histoire des deux nations, par les idées philosophiques dominantes et par les politiques d'intégration voulues par les systèmes politiques de chacun des deux pays, produit deux façons diamétralement opposées de concevoir le traitement de groupes religieux et d'individus se réclamant de droits religieux. En France, c'est l'idée d'un universalisme presque intransigeant et total : les pratiques et les symboles religieux sont exclus (à quelques exceptions près) des institutions publiques, quoique les symboles liés à l'Islam semblent focaliser l'attention. Au Royaume-Uni, en revanche, ce sont une philosophie et une politique communautariste qui amènent à une inclusion pragmatique des individus et des groupes (communautés) aux croyances religieuses différentes, ce qui en l'occurrence veut dire non chrétiennes. Cette étude de cas qui, en soi, a pour objet une comparaison, aide à comprendre comment l'Islam oblige les institutions, en particulier les institutions scolaires, mais également chaque individu, à se confronter avec l'autre et à chercher des formes de communication possibles et acceptables. La comparaison anglo-française montre que ni une politique universaliste (France) ni une politique particulariste (Royaume Uni) ne peut résoudre de façon entièrement satisfaisante la question de l'intégration des minorités ou des personnes qui se considèrent comme appartenant à une minorité. Ce n'est pas en reconnaissant les différences ni en les ignorant que les sociétés et leurs institutions parviennent à éviter les phénomènes de marginalisation et de violence, comme le terrorisme de groupes religieux fondamentalistes qui est devenu une réalité en Angleterre et ailleurs, surtout après le 11 septembre.

Ce recueil de textes étant très informatif, les contributions sont hétérogènes au niveau de la qualité scientifique et du degré de prise de distance ou d'identification avec les idées qui y sont décrites. Pour les lecteurs qui ne sont pas des experts de l'Islam, ce n'est pas toujours facile de situer correctement les informations et les affirmations des

auteurs. Le point de vue philosophique, politique ou religieux et le bagage culturel de chaque lecteur reste toujours un filtre qui détermine la perception, mais c'est encore plus fortement le cas ici.
Outil précieux pour des étudiants à partir du deuxième cycle (et bien entendu pour tout chercheur désireux d'élargir ses propres perspectives), ce livre est, grâce à son contenu hautement informatif, d'un intérêt indéniable dans cette époque tourmentée et marquée par des prises de positions idéologiques (« *clash of cultures* »). Des rétrospectives historiques éclairent les tensions entre traditions conservatrices et l'adaptation de l'éducation et de la formation aux changements économiques, technologiques et politiques. Ceci contribue à relativiser les stéréotypes occidentaux sur les idéaux éducatifs de l'Islam et à clarifier la signification des politiques et pratiques d'inclusion, des besoins de traitement spécial de l'Islam dans les institutions occidentales. Tout n'est pas discuté dans ce livre, par exemple la question difficile de savoir quelles sont ou seraient les stratégies des institutions islamiques des différents pays face à des demandes de reconnaissance des « autres », lorsque ces derniers se manifestent comme appartenant à des minorités.

Cristina Allemann-Ghionda
Université de Cologne (Allemagne)

Bagnall Ronald G, ***Cautionary Tales in the Ethics ofLifelong Learning Policy and Management : a book of fables,*** Dordrecht, Boston and London, Kluwer, 2004, 193 pages.

Cet ouvrage est une critique morale et philosophique qui veut avertir le lecteur sur les impasses vers lesquelles peuvent mener les orientations actuelles en matière de politique, de planification et de gestion de l'apprentissage durant toute la vie. L'ouvrage examine l'enseignement supérieur, l'éducation des adultes et l'éducation professionnelle en Australie ainsi que dans divers autres pays. Les deux premiers chapitres qui introduisent le contexte culturel et la perspective morale sont illustrés respectivement par 21 « fables éducationnelles » qui s'achèvent par une conclusion sur les effets largement négatifs des changements culturels, économiques, moraux qui sont les conséquences actuelles de la politique, de la planification et de la gestion de l'apprentissage durant toute la vie. Les 21 « fables éducationnelles » analysent surtout les effets négatifs de la mise en pratique des concepts économiques dérivés des orientations dans lesquelles sont actuellement engagées la politique, la planification et la gestion de l'apprentissage durant toute la vie. Quoique basée sur le vécu et les expériences directes des personnes qui sont parties prenantes (*stakeholder*), chacune des 21 fables éducationnelles est néanmoins solidement ancrée dans la recherche éducationnelle, le discours académique et l'éthique appliquée. L'ouvrage vise ceux qui dictent la politique, la planification et la gestion de l'apprentissage durant toute la vie. L'ouvrage a aussi été conçu comme ressource pour les étudiants de licence, de maîtrise et de doctorat en éducation. L'auteur examine entre autres 'la fable du marché éducationnel', 'la fable de l'éducation en tant que produit de consommation', 'la fable du contrat éducationnel', 'la fable du projet éducationnel', 'la fable de la flexibilité en éducation', et 'la fable de la responsabilité en éducation'. Chaque fable se concentre sur un protagoniste dépeint de façon suffisamment détaillée pour permettre au lecteur de s'identifier avec lui et surtout avec ses incertitudes et avec le dilemme moral dans lequel il est enfermé. Cet ouvrage unique et original qui emprunte la façon de faire d'Esope et de La Fontaine, pour rendre plus vivants la recherche éducationnelle et le discours académique, donne beaucoup à réfléchir au lecteur ou à la lectrice et lui permet de s'engager intimement avec le texte, aussi bien intellectuellement, que moralement et affectivement, pour avertir le lecteur des impasses où peuvent conduire les orientations dans lesquelles sont actuellement engagées la politique, la planification et la gestion de l'apprentissage durant toute la vie.

Catherine Matheson,
Université de Nottingham, Royaume-Uni
David Matheson,
Université de Nottingham, Royaume Uni

Dogbé Alfred, ***Bon voyage, Don Quichotte et autres textes,*** Collection « Nouvelles d'Afrique », Editions Lansman, 2002, 71 pages.

C'est un petit recueil -de par son format-, mais grand par la portée des propos qu'il aborde. Il n'est pas tout récent, mais j'ai tout de même tenu à en parler. Les huit nouvelles qui le composent prennent vie dans le quotidien des Africains. Avec lucidité, l'auteur observe et décrit les mécanismes des rouages politiques et le fonctionnement des humains, sans parti pris accusateur pour un groupe désigné ou pour une personne.

Le rôle des Organisations Non Gouvernementales (ONG) est au centre de la première nouvelle « Bon voyage, Don Quichotte ». Leur sincérité, parfois leur naïveté, mais aussi les manipulations dont elles sont victimes, les tentatives de récupération électorale, le rôle de la presse dont elles ne mesurent pas toujours les effets... Enfin, la dignité bafouée de celles et ceux *pour qui* elles agissent mais peut-être pas *avec qui* ?

Avec « Le petit mendiant à la culotte bleue », les limites de l'amitié, de la solidarité sont abordées sous l'angle des classes sociales et des différences de point de vue générationnelles. Au delà de la différence et grâce à la spontanéité des enfants, une amitié sans borne naît entre Ahmed et Kader. A cela, les adultes opposent la charité, l'humiliation, les limites.

« Sani Sal'té » pose le rapport entre la police et les citoyens. Il est question de corruption, de soumission, d'intimidation, d'arbitraire, mais aussi d'intégrité impitoyable. Est-ce une histoire ou un conte?

« La classe de sciences » est la nouvelle la plus courte de ce recueil. Elle peut faire penser à une énumération à la Prévert:

onze heure cinquante
onze heure cinquante cinq
midi

Un professeur dynamique, fier du programme d'éducation qu'il dispense mais dont la méconnaissance de la réalité, de la pauvreté dans laquelle vivent ses élèves, l'entraîne à provoquer une blessure.

« La romance inachevée » est un récit à plusieurs voix exprimant les points de vue des différents protagonistes. Récit d'un drame de l'amour, dans un style rapide, avec des phrases courtes dans des paragraphes compacts, comme si celui qui ou celle qui prend la parole, ne voulait pas être interrompu.
La femme d'Alio ne dit-elle pas : « *S'il te plaît, ne dis rien, laisse-moi parler.* »

Dans « Une très longue prière », c'est la répétition lancinante, obsédante de l'attente des salaires.
« *Faites bon Dieu que mes salaires soient versés !* », « *De toutes façons, le paiement des salaires est imminent* », « *Pourvu que les salaires tombent* », « *A quand les salaires?* »
Le manque d'argent entraîne dépendance, soumission, révolte et violence...

« C'était lui, en effet... »
Lui, qui ne sera jamais nommé. Il sera *« il »* en face de *« je »*. Il, qui fuit l'engagement, la responsabilité, la paternité. Les questions de « je » restent sans réponses : *« tu as un problème? », « Tu m'entends, qu'est-ce qui ne va pas? »*.
Difficulté des relations hommes-femmes...

Dans « Le certificat du petit Zakary », nous souffrons avec lui de subir la pression morale de ceux qui croient en sa réussite et lui qui voudrait *« leur dire »*, qui voudrait parler mais à qui on ne laisse pas un espace !
D'ailleurs, l'investissement de la famille interdit l'échec et entraîne une telle émotion que Zakary regarde les résultats du concours... sans les voir.

J'ai aimé ce livre écrit avec tendresse pour ceux qu'Alfred Dogby dépeint à travers la vie quotidienne mais aussi dans des moments plus solennels.
J'ai relu ce recueil au cours d'un séjour en Mauritanie, alors que je travaillais avec un enseignant mauritanien dans la classe de français d'élèves de 5e et 6e année de l'école fondamentale d'un village de brousse de l'Adrar et je n'ai pas pu m'empêcher d'établir des parallèles avec ce que me racontait une amie à propos de certaines ONG.
Quel sens donner à des distributions de vêtements lorsque les mères ne peuvent pas choisir ce qui serait bien pour leur enfant mais à qui on impose notre choix et qui ont l'audace de le refuser? Parfois, ces distributions sont confiées à des femmes du village, responsables des centres de nutrition, les transformant ainsi en rouages de nos désirs et en les confrontant à la violence de leurs pairs pour obtenir quelque vêtement pour leurs enfants !
D'autres fois, il est demandé d'établir une liste « des légitimes » : les plus pauvres... générant ainsi la colère des bannis... un peu moins pauvres, contre leurs frères !
Certains diront : « Les étrangers f... la merde ! », car les ONG, parfois activistes, oublient l'essentiel, me dira Ghoulam, l'enseignant mauritanien : demander aux intéressés *« ce qu'ils pensent être bien pour eux »,* respectant ainsi leur dignité en considérant *l'autre* comme un partenaire et non plus en agissant *« pour » lui.*

Michèle Queval
Ecole de Beuzeville

Baudin N., Briançon S., Mohamed M. (dir.), ***Guide du professeur des écoles stagiaire à l'IUFM et regards sur les formations d'enseignants à l'étranger,*** L'Harmattan, Paris, 2007, 265 pages.

L'écueil de tout guide, de toute méthode, et de toute formation sans doute dont ils rendent compte, qu'ils explicitent ou accompagnent, serait de figer dans l'écrit des savoirs et des façons d'exercer d'une part, d'en faire un *vade mecum* permanent qui se révèlerait vite obsolète, d'autre part de laisser penser que le métier d'enseignant ou la formation à ce métier peuvent s'exercer dans une activité suffisamment organisée pour être appliquée le plus fidèlement possible, utilisant là le modèle de la seule transmission dont on dénonce les limites et les travers dans l'enseignement.

Le guide ici proposé est destiné à des enseignants stagiaires et son objet est, à partir de l'expérience d'un groupe, réfléchie et organisée sous la conduite d'un professeur dans le cadre de leur formation générale, d'aider les futurs professeurs des écoles à vivre leur vie de fonctionnaire stagiaire en formation ; en même temps, ce guide renvoie à l'institution la manière dont des futurs enseignants ont vécu leur formation et ce qu'ils en pensent pour qu'elle soit plus efficace encore ; un témoignage sans visée polémique sur ce qu'est la formation, ouvert sur les avis croisés des formateurs et de la société, mis en perspective des systèmes européens.

Un tel objet n'est pas exempt du risque évoqué précédemment : ce qui est, sinon vrai, du moins ressenti de la formation aujourd'hui – et qui plus est dans un groupe de 30 stagiaires parmi les quatorze groupes de professeurs en formation – peut-il guider efficacement le « métier de stagiaire » de ceux qui arrivent ?

Voilà donc des stagiaires enseignants qui, en participant au travail d'étude, d'observation, de réflexion qui constitue cet ouvrage, ont réussi par ce projet, sous la conduite de Dominique Groux, à s'adapter à une double situation déstabilisante :

D'une part, la situation de formation en soi qui conduit à la douloureuse opération qu'évoque la formule nietzschéenne de « déshabiller le vieil homme », d'autre part, dès le début de la formation, à devoir d'emblée se plonger dans l'activité professionnelle grâce au stage filé qui installe le stagiaire dans une classe un jour par semaine.

De plus, cette modalité de la formation étant nouvelle, elle développait également une forme de déstabilisation en écho des formateurs qui avaient à repenser à partir d'elle leur activité, à y intégrer la dimension de l'alternance, à l'instar de leurs collègues du second degré. Ce projet d'écriture a permis aux stagiaires de dépasser la dimension de l'inquiétude exprimée par chacun non pas au moyen d'un discours de l'institution sujet au scepticisme ni par la parole laissée à une diatribe stérile. Dans un espace ouvert, le travail produit est pris au sérieux par la promesse de publication et de diffusion dans une collection renommée.

Au moment même, en début d'année, où les demandes portaient avant tout sur une aide immédiate pour faire face à la prise en charge, était proposée une mise à distance, au-delà de la réponse à cette urgence dont des maîtres formateurs s'occupaient avec de petits groupes de stagiaires une fois par semaine. Une prise de distance active, articulée sur la pratique et la formation reçue, nourrie des questions nées des représentations, des doutes, des angoisses qui se posaient dans le dialogue de la formation alternée.

Cette distance engageait d'emblée les stagiaires à interroger les contenus de la formation, son organisation, ses formateurs ; elle conduisait chacun d'eux à être acteurs du projet de formation.

L'ensemble n'est ni un pamphlet ni une compilation austère. Récit vivant, il s'avère passionnant en ce qu'il montre, à travers les témoignages, combien la formation, regardée précisément, est, *in fine*, considérée comme formatrice même perçue imparfaite, pas toujours compréhensible, insuffisante sur tel ou tel point et améliorable. Que lit-on dans ces témoignages ?

L'alternance, dont le stage filé et les stages groupés de trois semaines sont les jalons, est déstabilisante mais formatrice.

Des savoirs théoriques ont paru au moment où ils étaient enseignés peu utiles mais déjà, au moment de poser la plume, tel stagiaire note qu'il en recueillera les fruits même si cela est différé dans le temps. Autant qu'une attente de la formation différée, on attend les effets différés de la formation lors des premières années de titularisation.

Un stagiaire écrit à propos de la formation et à l'issue de son année de stage : « Il s'agit de l'implication personnelle de chacun. Les formateurs ne peuvent pallier un manque de motivation ».

A elle seule, la remarque montre l'intérêt formateur d'un tel travail. Certes, cette conscience du rôle actif et responsable du formé dans sa formation est essentielle, mais il appartient aux formateurs de susciter la motivation, d'en éclairer le sens, d'accompagner l'appropriation des compétences professionnelles du futur professeur.

La démarche de Dominique Groux de responsabilisation et de confiance donnée aux stagiaires, à leur capacité à penser leur formation en la vivant, à l'interroger dans un écrit collectif organisé, réussit à les rendre acteurs par ce détour de la co-pensée du groupe et de la mise à distance de la formation reçue, grâce à l'écriture.

Au début de ma lecture, je me suis donc interrogé sur le titre : pourquoi un guide? On a là un récit d'expériences de la formation reçue, une tentative d'analyse ou de bilan, une mise en perspective avec d'autres modalités de la formation, des propositions d'amélioration. En revanche, point de guide indiquant ce qu'il faut faire quand on est en formation, comment répondre aux attentes de l'évaluation, comment réagir devant telle situation rencontrée avec les

élèves ou avec les formateurs, quelles stratégies de travail adopter, quels contacts prendre, que sais-je encore ?
En fait, ce guide est avant tout un guide d'attitude ou de posture. C'est là encore un aspect de la réussite du projet. Plutôt que de dire comment faire, il nous dit comment penser la formation qui est reçue pour mieux la faire sienne ; il dit que la réflexion sur ce que l'on fait et ce que l'on reçoit est aussi importante que la capacité à trouver immédiatement la réponse ailleurs à un problème posé dans une situation spécifique, plus utile que la docilité à répondre aux attentes de formateurs qu'on croit avoir repérées ou que le rejet a priori, plus efficace pour une façon d'être dans sa mission d'enseignant, responsable, capable de prise de décision, porteur d'un esprit critique y compris à l'égard de ses représentations initiales, ouvert à la compréhension et à la complexité d'un tel métier.
Ce livre me paraît remarquable dans ce qu'il dit de la relation entre le formateur et le formé dans le processus de formation ; remarquable aussi dans la responsabilisation des stagiaires au cœur de leur formation. C'est un guide du comment être un professeur responsable en formation et au delà de la formation. Beau projet et belle réussite.

Jean-Pierre Pérol
Responsable du site de Cergy, Directeur adjoint
IUFM de Versailles - Université de Cergy-Pontoise

Behrens M. (dir.), ***La qualité en éducation. Pour réfléchir à la formation de demain,*** Préface de Pierre Valois, Québec, Presses de l'Université de Québec, 2007, 198 pages.

La qualité en éducation est aujourd'hui au centre des débats sur l'évaluation des politiques et du fonctionnement des systèmes éducatifs. Cependant, les approches et les mesures de la qualité sont multiples, selon l'objet d'étude, voire le type de formation évaluée (scolaire, professionnelle, éducation des adultes). L'ouvrage préparé sous l'égide de l'Association pour le développement des méthodologies d'évaluation en éducation (ADMEE) illustre bien les multiples significations et applications de la qualité lorsqu'il s'agit d'évaluer la qualité en éducation. Cette publication réunit sept contributions « qui partent d'un lien implicite entre la qualité et l'évaluation (...) sans approfondir la problématique des liens entre évaluation et qualité » (p. 8). En dépit de cette légère réserve, l'ouvrage présente un réel intérêt, notamment pour le comparatiste, par la diversité des regards des différents auteurs.

Dans une première contribution, Jean-Marie De Ketele et François-Marie Gérard montrent que la qualité d'un système éducatif implique un pilotage dudit système, ce qui suppose à la fois autonomie et coordination des différents niveaux du système. Ils affirment que la qualité se définit et se mesure par un rapport entre un objet de référence et un référentiel qui sert de norme de comparaison, qu'il s'agisse d'efficacité, d'efficience ou d'équité d'un système. Ils concluent en formulant quelques règles et principes destinés à améliorer le pilotage des systèmes éducatifs.

Linda Allal se situe à un niveau plus micro en menant une réflexion sur la qualité des apprentissages, et plus particulièrement sur l'évaluation dans le contexte de l'apprentissage situé, c'est-à-dire en tenant compte des contextes dans lesquels se trouve l'apprenant. Elle montre comment les théories de la cognition et de l'apprentissage peuvent contribuer à renouveler la conception de l'évaluation, en terme de participation des enseignants et des apprenants à une communauté de pratiques. L'auteur décrit succinctement l'émergence des travaux ayant mené à la conception d'apprentissages situés, en particulier dans le domaine scolaire, puis elle indique les implications du courant théorique d'apprentissage situé pour l'évaluation dans différents contextes scolaires. Elle termine sa contribution par quelques considérations sur un apprentissage de qualité dans une perspective située, et propose une définition d'une évaluation de qualité des apprentissages.

Léopold Paquay consacre un article à la question de la qualité des curriculums. Il défend l'idée que la réussite d'un changement curriculaire est étroitement associée au changement des pratiques des enseignants, ce qui suppose que l'on prenne de plus en plus en considération la logique des acteurs de terrain dans toutes les étapes d'élaboration des curriculums. En d'autres termes, il ne suffit pas d'élaborer un nouveau curriculum, fut-il reconnu de qualité par des experts, pour que les pratiques des enseignants changent. Paquay, bien qu'il n'approfondisse pas les critères de qualité d'un curriculum, démontre que la définition de la qualité dépend du point de vue adopté. Michel Grangeat poursuit la réflexion sur l'amélioration de la qualité des curriculums. Il consacre la première partie de son apport à une discussion sur la définition de la qualité des curriculums et les critères permettant d'appréhender cette qualité. Il propose trois axes d'évaluation de la qualité curriculaire. Puis l'auteur rend compte d'une enquête portant sur les processus d'appropriation du curriculum mis en œuvre par des enseignants. Il termine son article en montrant la portée des résultats de la recherche, notamment dans l'amélioration les interactions entre les différents professionnels de l'enseignement, et dans l'articulation entre formation des enseignants, évaluation des curriculums et amélioration de la qualité de l'école.

Marie Duru-Bellat aborde la question de la qualité au niveau des établissements. Elle adopte une définition de la qualité « ex post, très concrètement, sur la base des transformations visibles que le contexte a 'produit' sur les élèves » (p. 129). Une évaluation de la qualité par les résultats suppose initialement une grande clarté quant aux objectifs et à leur mesure. Dans une première partie, l'auteur rappelle la nécessité d'évaluer les effets du contexte scolaire (défini dans l'article par l'établissement fréquenté, par les maîtres, par les camarades), car la recherche en France témoigne que le contexte accroît les inégalités entre les élèves. Ensuite, elle s'interroge sur les destinataires des évaluations de la qualité par les résultats. Elle souligne en conclusion qu'il serait judicieux de s'interroger dès la conception des dispositifs d'évaluation sur la façon dont l'évaluation peut s'intégrer aux pratiques habituelles des acteurs, ce qui suppose la mise en place de tels dispositifs au niveau même des établissements. Anton Strittmatter traite aussi de l'évaluation à l'échelle des établissements. Il rapporte une nouvelle tendance en Allemagne et en Suisse alémanique à remplacer l'inspectorat scolaire traditionnel par des évaluations au niveau des établissements, ces dernières pouvant prendre la forme d'auto-évaluations ou d'évaluations externes. L'auteur, après avoir questionné le rapport entre auto-évaluation et évaluation externe, formule différentes suggestions et propose une procédure permettant de faire co-exister les deux modalités d'évaluation. Il préconise un élargissement des finalités assignées aux évaluations externes, qui devraient aussi examiner de manière critique les politiques publiques d'éducation et fournir des appuis à des réformes, voire à des augmentations de ressources.

Joël Bonamy situe sa contribution dans le domaine de la formation continue en entreprise en France. Il rappelle que les démarches qualité mises en place par les organismes de formation ont conduit à une conception renouvelée de la formation et de ses dispositifs. Il souligne cependant les limites de telles démarches, qui n'étaient pas destinées à l'origine à l'évaluation de la qualité de la formation. Il décrit de nouvelles pratiques tendant vers une « coconstruction » de la qualité (« networking », « knotworking ») et s'interroge sur la possibilité que de telles pratiques remplacent les traditionnelles démarches qualité.

Mathis Behrens, dans une synthèse de l'ouvrage, formule trois constats qui ne manqueront pas de retenir l'attention du comparatiste. Premièrement, il relève que tous les auteurs ont opérationnalisé le concept de qualité en le quantifiant, ce qui appauvrit le concept ; cette quantification dans le monde de l'école se mesure par un rapport de conformité entre une norme ou une référence d'une part, et une performance ou un référé d'autre part. De la sorte, la qualité se confond avec l'évaluation (p. 12).
Deuxièmement, Behrens observe que les conceptions et les modes d'évaluation de la qualité diffèrent dans la scolarité obligatoire (primaire et secondaire de 1e degré) et dans la formation professionnelle en entreprise ; il attribue ces différences à la nature des institutions de formation, caractérisée par une stabilité plus ou moins marquée des contenus transmis, par la durée ou la fonctionnalité des cycles de formation. Troisièmement, il constate, eu égard à la place accordée aux usagers dans l'évaluation de la qualité, que le regard sur le système « tend à évacuer l'acte pédagogique, à l'encapsuler dans une boîte noire pour mieux porter les regards sur les performances, sur le

système environnant, sur la fonction que la formation y remplit, sur sa pertinence … » (p. 15). Nous serions tentés d'écrire qu'après avoir circonscrit l'analyse de la qualité au processus d'apprentissage, les responsables des systèmes de formation prennent conscience de la multiplicité et de l'imbrication des niveaux d'évaluation de la qualité en éducation. L'ouvrage dont nous venons de rendre compte participe à une telle prise de conscience, et ce n'est pas le moindre de ses mérites.

Siegfried Hanhart
Université de Genève (Suisse)

THESES

Isabelle Lallemand, « Des expériences de mobilité aux échanges interculturels dans un contexte d'internationalisation de l'enseignement supérieur », soutenue le 17 septembre 2007, Université Paris 3-Sorbonne Nouvelle, sous la direction de Geneviève Zarate.

La thèse se présente en un volume de 531 pages qui comprend 412 pages de texte, 89 pages d'annexes, une bibliographie et un index thématique.
Le travail s'organise en six parties.
La première partie (pp. 18-85), intitulée « Le contexte d'internationalisation de l'enseignement supérieur », présente le contexte actuel d'internationalisation de l'enseignement supérieur, à l'échelle nationale, européenne et mondiale, et l'état des travaux sur la question.
Après avoir fait un état des lieux de l'accueil des étudiants étrangers en France qui s'appuie sur différents rapports (Claeys en particulier), l'auteur note que l'« université française est peu intégratrice » (p. 23) et qu'elle occupe seulement la 5e place pour le pourcentage d'étudiants étrangers (après les États-Unis, le Royaume-Uni, l'Allemagne et l'Australie). Pourtant, un rapport constate « l'enracinement d'une véritable culture de la mobilité internationale» (p. 31). Dans le contexte éducatif européen, cette culture de la mobilité se traduit par des échanges d'étudiants mais aussi par une nécessaire internationalisation des universités, c'est-à-dire par la mise en place de doubles cursus et une internationalisation des formations, de politiques de recrutement et de recherche différentes qui intègrent des enseignants et des chercheurs étrangers, de rencontres entre les étudiants, les enseignants et le personnel, et donc par une large place faite au dialogue

interculturel… Or, constate Isabelle Lallemand, celui-ci est bien inexistant dans les structures françaises de l'enseignement supérieur si ce n'est dans les curricula. L'interculturel est « une dimension oubliée de l'enseignement supérieur français » (p. 81) et la dimension internationale est essentiellement axée sur l'accueil des étudiants étrangers et les enjeux de la mobilité internationale. Ceci est d'autant plus navrant que, dès les années 1970, les travaux du Conseil de l'Europe (dans lesquels Louis Porcher a joué un rôle majeur) affirmaient l'importance de la problématique de l'interculturel.
Bref, la première partie présente les lacunes du système universitaire français extrêmement frileux face à l'internationalisation et au dialogue interculturel.

La seconde partie (pp. 86-149), intitulée « Des expériences de mobilité aux échanges interculturels : méthodologie », définit les concepts de la recherche, présente le terrain de la recherche-action et les corpus sur lesquels s'appuie l'étude.

La troisième partie (pp. 150-243) : « Les expériences de mobilité : des expériences interculturelles. Analyse d'entretiens d'étudiants », la quatrième partie (pp. 244-304) : « Rencontres ou absence de rencontres interculturelles dans les expériences de mobilité ? Analyse d'entretiens d'étudiants », la cinquième partie (pp. 305-355) : « Des rencontres aux échanges interculturels dans le contexte de l'internationalisation. Analyse de discours institutionnels », et la dernière partie, intitulée « Emergence des échanges interculturels sur le terrain des institutions. Etudes de cas », étudient, à partir de vingt-huit entretiens d'étudiants, d'une analyse de contenu de documents institutionnels et de deux études de cas, les expériences de mobilité des étudiants, la présence ou l'absence de rencontres interculturelles dans les mobilités et la fonction de médiation interculturelle que jouent les institutions.

Ces quatre parties sont le cœur de la recherche. L'ambition de cette thèse est, à partir de la question des rencontres interculturelles suscitées par la mobilité des étudiants, d'étudier « la reconnaissance institutionnelle des expériences de mobilité » et de « poser la question du rôle des institutions dans la construction d'un lien social interculturel ». Pour ce faire, Isabelle Lallemand analyse les entretiens menés avec les étudiants, les documents institutionnels et les témoignages des acteurs institutionnels.

Signalons certains points qui nous ont particulièrement intéressée.

Isabelle Lallemand propose une description précise (à travers la parole rapportée) de l'expérience de l'altérité des étudiants : les transformations identitaires, l'acquisition d'un double regard, le sentiment d'isolement, la difficulté des rencontres avec les nationaux, les stratégies mises en place…

Elle note à plusieurs reprises une forme de ségrégation entre les étudiants nationaux et les étudiants étrangers. Elle note la difficulté des rencontres avec les « locaux ». Elle relève les termes de « muraille », de « ligne séparatrice » (p. 259) employés par une étudiante, l'opposition entre le « nous » et le « eux » qu'elle identifie comme des « marqueurs établissant une séparation ». Elle signale qu'en Angleterre, par exemple, cette ségrégation est moindre parce que l'institution propose un accueil plus personnalisé. Elle indique diverses pistes pour favoriser l'intégration des étudiants étrangers et note par exemple l'importance des méthodes de travail. A la page 295, elle écrit : « quand l'approche didactique adoptée par l'enseignant est basée sur la communication, les étudiants ont toutes les chances d'interagir avec des étudiants venus d'autres contextes ». Elle indique les différentes stratégies utilisées par les étudiants étrangers pour se rapprocher des étudiants nationaux : « évitement, éloignement des compatriotes, approche des locaux, choix des modes d'hébergement ». Elle indique que les universités devraient jouer une « place d'acteur social » (p. 207). Elle relève les lieux d'échanges interculturels privilégiés que constituent la Cité universitaire, les tandems linguistiques entre un étudiant étranger et un étudiant national (mis en place à l'INALCO par exemple), les activités sportives, les excursions, les colocations, etc.

Isabelle Lallemand note tout ceci à partir de l'analyse des 28 entretiens qu'elle a conduits. Elle signale que « les rencontres interculturelles sont laissées au hasard des expériences individuelles » (p. 99). Les résultats de la recherche devraient permettre de favoriser ces rencontres interculturelles en indiquant comment pourrait être construit un projet global de facilitation du dialogue interculturel entre les étudiants, entre les enseignants et les étudiants, entre tous les acteurs concernés.

On peut regretter que l'auteur n'ait pas établi, dans une dernière partie, les conditions d'une intégration réussie des étudiants étrangers, en s'appuyant, par exemple, sur ce qui se fait à l'étranger, à l'aide d'une véritable démarche comparative (comment, dans une université américaine comme l'UCLA par exemple, on accueille les étudiants étrangers, comment on travaille avec eux, quels lieux de rencontre interculturelle on leur propose, quelles sont les méthodes pédagogiques utilisées par les enseignants, quelles sont les relations entre les enseignants et les étudiants, comment est mise en place l'internationalisation dans l'université, etc). L'auteur aurait pu ainsi développer une dernière partie synthétique et proposer des pistes pour la mise en place d'une véritable internationalisation de l'université française et d'un véritable dialogue interculturel, à partir de sa recherche et d'une comparaison entre des universités de cultures différentes.

Ce travail, original et novateur, fait incontestablement avancer la recherche sur les échanges interculturels dans les mobilités internationales d'étudiants, sur la reconnaissance par les institutions de ces apports et sur la fonction de médiateurs interculturels que jouent ou pourraient jouer ces établissements.

Dominique Groux
Université de Cergy-Pontoise

L'HARMATTAN, ITALIA
Via Degli Artisti 15 ; 10124 Torino

L'HARMATTAN HONGRIE
Könyvesbolt ; Kossuth L. u. 14-16
1053 Budapest

L'HARMATTAN BURKINA FASO
Rue 15.167 Route du Pô Patte d'oie
12 BP 226
Ouagadougou 12
(00226) 50 37 54 36

ESPACE L'HARMATTAN KINSHASA
Faculté des Sciences Sociales,
Politiques et Administratives
BP243, KIN XI ; Université de Kinshasa

L'HARMATTAN GUINÉE
Almamya Rue KA 028
En face du restaurant le cèdre
OKB agency BP 3470 Conakry
(00224) 60 20 85 08
harmattanguinee@yahoo.fr

L'HARMATTAN CÔTE D'IVOIRE
M. Etien N'dah Ahmon
Résidence Karl / cité des arts
Abidjan-Cocody 03 BP 1588 Abidjan 03
(00225) 05 77 87 31

L'HARMATTAN MAURITANIE
Espace El Kettab du livre francophone
N° 472 avenue Palais des Congrès
BP 316 Nouakchott
(00222) 63 25 980

L'HARMATTAN CAMEROUN
Immeuble Olympia face à la Camair
BP 11486 Yaoundé
(237) 458.67.00/976.61.66
harmattancam@yahoo.fr